2022 João Barcelos Neto

Roberto Marinho
letrônica: O Autor
on Soluções Editoriais

conformidade com as novas regras ortográficas do Acordo da Língua Portuguesa.

Dados Internacionais de Catalogação na Publicação (CIP)
(Câmara Brasileira do Livro, SP, Brasil)

s Neto, João

culo: para entender e usar / João Barcelos Neto. – 2. ed. – São Paulo,
raria da Física, 2022.

liografia.
N 978-65-5563-263-7

Cálculo - Estudo e ensino 2. Matemática - Estudo e ensino I. Título.

652   CDD–510.7

catálogo sistemático:

mática: Estudo e ensino   510.7

Eliete Marques da Silva – Bibliotecária – CRB–8/9380

5-5563-263-7

reitos reservados. Nenhuma parte desta obra poderá ser reproduzida sejam
os meios empregados sem a permissão da Editora. Aos infratores aplicam-se
revistas nos artigos 102, 104, 106 e 107 da Lei n. 9.610, de 19 de fevereiro de

Brasil • *Printed in Brazil*

Editora Livraria da Física
Fone/Fax: +55 (11) 3459-4327 / 3936-3413
www.livrariadafisica.com.br

Cálculo
Para Entender e Usar

2ª. Edição

JOÃO BARC

Cálc
Para Entenc

Editora Livra
São Paulo | 20

Cálculo
Para Entender e Usar

2ª. Edição

João Barcelos Neto

Cálculo
Para Entender e Usar

2ª. Edição

Editora Livraria da Física
São Paulo | 2022

Copyright © 2022 João Barcelos Neto

Editor: JOSÉ ROBERTO MARINHO
Editoração Eletrônica: O AUTOR
Capa: HORIZON SOLUÇÕES EDITORIAIS

Texto em conformidade com as novas regras ortográficas do Acordo da Língua Portuguesa.

Dados Internacionais de Catalogação na Publicação (CIP)
(Câmara Brasileira do Livro, SP, Brasil)

Barcelos Neto, João

　　Cálculo: para entender e usar / João Barcelos Neto. – 2. ed. – São Paulo, SP: Livraria da Física, 2022.

　　Bibliografia.
　　ISBN 978-65-5563-263-7

　　1. Cálculo - Estudo e ensino 2. Matemática - Estudo e ensino I. Título.

22-128652　　　　　　　　　　　　　　　　　　　　　　　　　　　　　CDD–510.7

Índices para catálogo sistemático:

　　1. Matemática: Estudo e ensino　　510.7

　　　　　　Eliete Marques da Silva – Bibliotecária – CRB–8/9380

ISBN: 978-65-5563-263-7

Todos os direitos reservados. Nenhuma parte desta obra poderá ser reproduzida sejam quais forem os meios empregados sem a permissão da Editora. Aos infratores aplicam-se as sanções previstas nos artigos 102, 104, 106 e 107 da Lei n. 9.610, de 19 de fevereiro de 1998.

Impresso no Brasil • *Printed in Brazil*

Editora Livraria da Física
Fone/Fax: +55 (11) 3459-4327 / 3936-3413
www.livrariadafisica.com.br

Conselho Editorial

Amílcar Pinto Martins
Universidade Aberta de Portugal

Arthur Belford Powell
Rutgers University, Newark, USA

Carlos Aldemir Farias da Silva
Universidade Federal do Pará

Emmánuel Lizcano Fernandes
UNED, Madri

Iran Abreu Mendes
Universidade Federal do Pará

José D'Assunção Barros
Universidade Federal Rural do Rio de Janeiro

Luis Radford
Universidade Laurentienne, Canadá

Manoel de Campos Almeida
Pontifícia Universidade Católica do Paraná

Maria Aparecida Viggiani Bicudo
Universidade Estadual Paulista - UNESP/Rio Claro

Maria da Conceição Xavier de Almeida
Universidade Federal do Rio Grande do Norte

Maria do Socorro de Sousa
Universidade Federal do Ceará

Maria Luisa Oliveras
Universidade de Granada, Espanha

Maria Marly de Oliveira
Universidade Federal Rural de Pernambuco

Raquel Gonçalves-Maia
Universidade de Lisboa

Teresa Vergani
Universidade Aberta de Portugal

A todos os estudantes que tive, direta ou indiretamente.

Prefácio

Nesta segunda edição, quase quinze anos após a primeira, procurei melhorar a sequência dos capítulos e suas seções. Incluí alguns novos tópicos. Aumentei o número de exemplos e exercícios, bem como os resolvidos que estão em um dos apêndices. Coloquei ainda as respostas de todos os outros. O número de páginas também aumentou um pouco.

O objetivo continua o mesmo, ajudar o estudante do ciclo básico no uso do Cálculo, mas sempre dando ênfase à beleza do processo matemático. Para facilitar o estudo, durante o desenvolvimento vou sugerindo os exercícios que podem ser resolvidos.

Da mesma forma que fiz nos meus livros de Física Básica, publicados recentemente pela Editora Livraria da Física, escrevi como se estivesse me dirigindo ao estudante, ou em sala de aula, ou tirando alguma dúvida ou, simplesmente, só conversando. Foi muito agradável.

João Barcelos Neto

Prefácio da primeira edição

Quando dava aulas no ciclo básico sempre preferia turmas em períodos defasados, a fim de que o estudante já viesse sabendo Cálculo. Mesmo assim, notava que embora ele soubesse derivar e integrar, muitas vezes com certa desenvoltura, não sabia raciocinar com o Cálculo. Geralmente não sabia porque estava derivando ou o que estava integrando.

É esta a finalidade deste livro. Ele contém a minha experiência em procurar fazer o estudante raciocinar com o Cálculo. Embora mostre como derivar e integrar, a ênfase não está bem aí. Não há formulários. Na verdade, há poucas fórmulas. Procurei não usar nada em que não fosse mostrado sua origem. Posso até ter exagerado em fazer uma demonstração do Teorema de Pitágoras num dos apêndices e enfatizar que não há necessidade de saber uma fórmula para resolver uma equação do segundo grau. Fiz isso com o intuito de não descuidar do principal objetivo do livro, que era priorizar o raciocínio em lugar do uso irracional de fórmulas prontas. Há muitos exemplos, principalmente em Geometria e Mecânica. Neste caso, procurei refazer alguns exemplos do meu livro de Mecânica, porém usando uma linguagem mais simples.

Este livro é organizado da seguinte maneira. No Capítulo I faço uma apresentação geral do que pretendo desenvolver no livro. O Capítulo II contém uma breve introdução da matemática necessária para começar o desenvolvimento de derivadas e integrais, particularizando ao caso de funções de potência. Preferi esse caminho a fim de que a complexidade de outros tipos de função, neste momento, não viesse a obscurecer as propriedades fundamentais do Cálculo Diferencial e Integral. Aproveitei a oportunidade para relembrar a relação binominal, que será de grande utilidade durante todo o livro e, particularmente, nesta fase inicial. No Capítulo III é introduzido o conceito de derivada e aplicado ao caso de funções de potência. Aproveito para falar sobre as propriedades gerais da derivação. No Capítulo IV apresento diversas aplicações. Faço menção que resolver uma equação diferencial nem sempre está associado à resolução de uma integral (caso que pretendo deixar claro no Apêndice C). No Capítulo V introduzo integrais, procurando enfatizar que integrais nada mais são do que olhar de maneira diferente uma equação diferencial de primeira ordem. Aproveito, também, para fazer a generalização para integrais duplas e triplas. Discuto várias aplicações. Acho importante mencionar que, até agora, só funções de potência foram consideradas. Derivadas e integrais envolvendo (ou usando) funções trigonométricas, bem como aplicações, estão no Capítulo VI, e o correspondente para funções exponenciais e logarítmicas, no Capítulo VII. Há seis apêndices. No Apêndice A é feita uma revisão, contendo também várias aplicações de vetores. No Apêndice B é apresentada uma demonstração geométrica do teorema de Pitágoras. O Apêndice C contém um exemplo de solução de equação diferencial e no Apêndice D mostro uma forma indutiva da expansão em série de potências. Nos Apêndices E e F há soluções e respostas de alguns exercícios.

Para finalizar, gostaria de dizer que a oportunidade de escrever este livro está relacionada, também, aos três anos em que ministrei a disciplina de Cálculo no Curso de Formação de Oficiais do Corpo de Bombeiros do Rio de Janeiro. Esta foi uma experiência muito prazerosa, ocorrida após a minha aposentadoria. Tive a oportunidade de voltar à minha juventude e fazer novas amizades. O convívio com esses excelentes e simpáticos estudantes motivaram-me a iniciar este trabalho.

Rio de Janeiro, em 24 de dezembro de 2008.

João Barcelos Neto

Sumário

1 Derivadas   **15**
   1.1 Funções e limites 15
      1.1.1 Funções 15
      1.1.2 Limites 16
   1.2 Conceito de derivada 19
      1.2.1 Significado geométrico 19
      1.2.2 Máximos e mínimos 21
      1.2.3 Propriedades da derivada 23
   1.3 Derivada da função de potência 26
      1.3.1 Alguns exemplos 28
      1.3.2 Aplicações gerais 30
   1.4 Expansão em série de potências 37
      1.4.1 Expansão em série 37
      1.4.2 Expansão binomial 38
      1.4.3 Aproximação binomial 39
   1.5 Exercícios 39

2 Equações diferenciais   **45**
   2.1 As definições de velocidade e aceleração 45
      2.1.1 Exemplos de solução de equações diferenciais 46
      2.1.2 Equações diferenciais pela segunda lei de Newton 50
   2.2 Visão mais ampla das equações diferenciais 54
   2.3 Exercícios 56

3 Integrais   **59**
   3.1 Conceito de integração 59
   3.2 Integral com função de potência 61
      3.2.1 Exemplos de aplicações em geometria 62
      3.2.2 Exemplos de aplicação em em Física Básica 70
   3.3 Um pouco mais sobre integrais 74
      3.3.1 Sobre um processo de integração 74
      3.3.2 Funções simétricas e antissimétricas 76
   3.4 Integrais duplas, triplas etc. 77
      3.4.1 Alguns exemplos 78

3.5	Exercícios	81

4 Funções trigonométricas — **87**

4.1 Revisão das funções trigonométricas 87
    4.1.1 Iniciando com o triângulo retângulo 87
    4.1.2 Seno, cosseno, tangente etc. como funções 89
    4.1.3 Relações envolvendo funções trigonométricas 90
    4.1.4 Alguns valores particulares do seno e cosseno 91
4.2 Derivada de funções trigonométricas 93
    4.2.1 Derivada das demais funções trigonométricas 94
    4.2.2 Derivada das funções trigonométricas inversas 95
    4.2.3 Exemplos 96
    4.2.4 Expansão em série do seno e cosseno 100
4.3 Equações diferenciais 101
4.4 Integrais com funções trigonométricas 102
    4.4.1 Exemplos do cálculo de algumas integrais 102
    4.4.2 Alguns exemplos de geometria 105
    4.4.3 Exemplos em Física Básica 110
    4.4.4 Resolução de mais algumas integrais 115
4.5 Agulha de Buffon 117
4.6 Exercícios 119

5 Funções exponencial e logarítmica — **123**

5.1 Introdução 123
5.2 Derivadas 124
    5.2.1 Expansões em série e Fórmula de Euler 126
    5.2.2 Funções hiperbólicas 127
5.3 Equações diferenciais 128
    5.3.1 Oscilador harmônico com o atrito do meio 128
    5.3.2 Voltando ao caso sem atrito 129
5.4 Integrais 131
    5.4.1 Exemplo em Física Básica 132
    5.4.2 Exemplo em Geometria 134
    5.4.3 Mais uma integral 136
5.5 Função gama 137
5.6 Sobre a convergência de séries 138
    5.6.1 Série geométrica 140
    5.6.2 Série harmônica 140
    5.6.3 Série p 141
    5.6.4 Critério geral de convergência 141
5.7 Exercícios 143

A Vetores   **147**

    A.1 Conceitos iniciais 147

        A.1.1 Adição de vetores 147

        A.1.2 Multiplicação do vetor por um escalar 148

        A.1.3 Conceito de unitário 148

        A.1.4 Vetor em componentes ortogonais 148

    A.2 Produtos escalar e vetorial 149

        A.2.1 Demonstração de algumas relações trigonométricas 151

    A.3 Exercícios 154

B Demonstrações do teorema de Pitágoras   **157**

    B.1 Primeira demonstração 157

    B.2 Segunda demonstração 158

    B.3 Terceira demonstração 159

C Resolução de alguns exercícios   **161**

D Respostas dos exercícios não resolvidos   **215**

Capítulo 1

Derivadas

Neste capítulo veremos a derivada da função de potência. As trigonométricas aparecerão no Capítulo 4 e, no seguinte, as exponencial e logarítmica.

Como foi mencionado no prefácio, este livro corresponde à minha experiência, junto ao estudante do ciclo básico, em pensar com o Cálculo. Veremos como derivar, resolver (algumas) equações diferenciais e integrar, mas evitando o uso exagerado de fórmulas e regras práticas.

Com o intuito de não nos desviarmos do objetivo, alguns assuntos introdutórios serão apresentados de forma simplificada, como funções e limites, que estão na seção seguinte. O conceito de derivada vem logo a seguir.

1.1 Funções e limites

1.1.1 Funções

São, simplesmente, a correspondência entre um número real e outro (funções de variáveis reais). Veja, por favor, o diagrama abaixo, em que f representa a função,

$$\begin{pmatrix} \text{número} \\ \text{real} \end{pmatrix} \xrightarrow{\ f\ } \begin{pmatrix} \text{outro n}^{\circ} \\ \text{real} \end{pmatrix}$$

Como exemplos, temos

$$y = a\,x + b \qquad \text{reta} \tag{1.1}$$
$$y = a\,x^2 + b\,x + c \quad \text{parábola} \tag{1.2}$$

sendo a, b e c parâmetros constantes. E outras funções, que correspondem a figuras geométricas conhecidas,

$$x^2 + y^2 = R^2 \qquad \text{círculo} \tag{1.3}$$

$$\frac{x^2}{a^2} + \frac{y^2}{b^2} = 1 \qquad \text{elipse} \tag{1.4}$$

$$\frac{x^2}{a^2} - \frac{y^2}{b^2} = 1 \qquad \text{hipérbole} \tag{1.5}$$

Só trataremos de funções contínuas ou nos intervalos em que são contínuas. De forma simples, significa que não há variações bruscas quando se passa de um ponto a outro. Por exemplo, a função $f(x) = 1/x$ não é contínua em $x = 0$.

1.1.2 Limites

Comecemos com a função (uma reta),

$$f(x) = 2x + 1$$

Seu valor para alguns pontos particulares são

$$f(1) = 3$$
$$f(0) = 1$$
$$f(-1) = -1 \qquad \text{etc.}$$

Podemos dizer, também, que o limite de $f(x)$ quando x tende a 1 é 3, quando tende a 0 é 1 etc. Matematicamente, escrevemos

$$\lim_{x \to 1} f(x) = 3$$
$$\lim_{x \to 0} f(x) = 1$$
$$\lim_{x \to -1} f(x) = -1 \qquad \text{etc.}$$

Há alguma diferença entre as duas notações? Para esses casos particulares, a resposta é não. Poderiam ser usadas indistintamente. O conceito de limite foi apresentado (de forma bem simples) como sendo o valor da função quando a variável tende certo número (coincide com a definição rigorosa nos pontos em que é contínua). A notação acima torna-se mais apropriada no caso de a variável e (ou) a função tenderem a um símbolo e não a um número. Por exemplo, considerando a mesma função inicial, temos

$$\lim_{x \to \infty} f(x) = \infty$$

Seja, agora, o seguinte exemplo,

$$\lim_{x \to 1} \frac{x^2 - 1}{x - 1} = \frac{0}{0}$$

1.1. FUNÇÕES E LIMITES

A quantidade $0/0$ não está associada, de forma absoluta, a nenhum número. Não é 1 (ou pode não ser 1). Sabemos que zero dividido por qualquer número (diferente de zero) é zero, mas qualquer número (diferente de zero) dividido por zero dá infinito. Assim, $0/0$ pode ser qualquer número entre zero e infinito. É uma quantidade indeterminada, chamada *símbolo de indeterminação*. Existem outros (já veremos). O valor a que $0/0$ está relacionado vai depender do tipo de função e do ponto considerado. Para o caso acima, temos

$$\lim_{x \to 1} \frac{x^2 - 1}{x - 1} = \lim_{x \to 1} \frac{(x+1)(x-1)}{x-1}$$
$$= \lim_{x \to 1} (x+1) = 2$$

O limite estava escondido devido à presença do fator $x - 1$ no numerador e denominador. O que fizemos foi identificar a origem da indeterminação e fazer a simplificação. Só enfatizando, não quer dizer que $0/0$ seja igual a 2. Não é igual a nada (é uma quantidade indeterminada). Mostramos que é 2 para o caso particular da função quando a variável tende a 1. Em outros casos, o resultado pode ser outro. Vejamos,

$$\lim_{x \to -2} \frac{x^3 + 8}{x + 2} = \frac{0}{0}$$

Como -2 é raiz de $x^3 + 8$, podemos reescrevê-lo através do fator $(x + 2)$. Assim, o primeiro termo do outro fator deve ser x^2 para gerar o x^3; e o último, 4 para gerar o 8. Vemos que não podem gerar termos em x e x^2. Para evitar aqueles com x, este fator deve também conter $-2x$, que cancelará o que vai ser gerado ao multiplicar x por 4 e ele por 2. À mesma conclusão chegaríamos pensando no cancelamento de termos com x^2.

Para não deixar nenhuma dúvida, logo no início do livro, façamos a verificação de maneira mais formal, partindo de

$$x^3 + 8 = (x + 2)(x^2 + ax + 4)$$

em que a é um parâmetro a ser determinado. Desenvolvamos o lado direito,

$$x^3 + 8 = (x + 2)(x^2 + ax + 4)$$
$$= x^3 + ax^2 + 4x + 2x^2 + 2ax + 8$$
$$= x^3 + (a + 2)x^2 + 2(2 + a)x + 8$$

Como vemos, realmente, para $a = -2$ haverá o cancelamento de termos em x e x^2 (que não aparecem no lado esquerdo).

Assim, completamos a obtenção do limite,

$$\lim_{x \to -2} \frac{x^3 + 8}{x + 2} = \lim_{x \to -2} \frac{(x + 2)(x^2 - 2x + 4)}{x + 2}$$
$$= \lim_{x \to -2} (x^2 - 2x + 4) = 12$$

Uma observação

A maneira como procedemos não significa que tenha de ser a mesma em todos os casos. O próprio exemplo anterior admite um tratamento até mais simples, mudando a variável para que a nova tenda a zero. Façamos, então, $x + 2 = u$,

$$\lim_{x \to -2} \frac{x^3 + 8}{x + 2} = \lim_{u \to 0} \frac{(u - 2)^3 + 8}{u}$$
$$= \lim_{u \to 0} \frac{u^3 - 6u^2 + 12u}{u}$$
$$= \lim_{u \to 0} \frac{12u}{u} = 12$$

Da primeira para a segunda linha, foi feito o desenvolvimento de $(u - 2)^3$ usando, por exemplo, que $(u - 2)^3 = (u - 2)^2 (u - 2)$. Na passagem seguinte, desprezaram-se u^3 e $-6u^2$ perante $12u$ porque, quando $u \to 0$, os termos cúbicos e quadráticos tendem a zero mais rapidamente que os lineares.

Naturalmente, em lugar de desprezar u^3 e $-6u^2$ da segunda para a terceira linha, poderíamos ter feito a simplificação do u,

$$\lim_{x \to -2} \frac{x^3 + 8}{x + 2} = \lim_{u \to 0} \frac{(u - 2)^3 + 8}{u}$$
$$= \lim_{u \to 0} \frac{u^3 - 6u^2 + 12u}{u}$$
$$= \lim_{u \to 0} \left(u^2 - 6u + 12 \right) = 12$$

Outro símbolo de indeterminação

Vejamos mais um exemplo com outro tipo de indeterminação,

$$\lim_{x \to \infty} \frac{3x^2 + 7}{8x^2 + 5x + 2} = \frac{\infty}{\infty}$$

Também, ∞/∞ pode ser qualquer valor entre zero e infinito. Vamos resolver a indeterminação usando procedimento semelhante ao anterior. Quando $x \to \infty$, os termos quadráticos divergem mais rapidamente que os demais. Podemos, então, manter apenas os termos quadráticos. Assim,

$$\lim_{x \to \infty} \frac{3x^2 + 7}{8x^2 + 5x + 2} = \lim_{x \to \infty} \frac{3x^2}{8x^2} = \frac{3}{8}$$

Os símbolos de indeterminação

Os que lidamos até agora foram $0/0$ e ∞/∞. Existem outros, $0 \times \infty$, $\infty - \infty$, 0^0, ∞^0 e 1^∞, que aparecerão quando estudarmos outras funções. A quantidade 0^∞ não é indeterminação (qualquer número menor que 1 elevado a infinito

1.2. CONCEITO DE DERIVADA

dá zero, logo $0^{\infty} = 0$). Acho só oportuno fazer um comentário sobre o símbolo de indeterminação 1^{∞}. Não há indeterminação para o caso de

$$\lim_{x \to \infty} 1^x = 1$$

Entretanto, poderia ser qualquer valor se tivéssemos,

$$\lim_{x \to \infty} g(x)^x = 1^{\infty}$$

Antes de passar para a seção seguinte, sugiro ao estudante fazer o exercício 1.

1.2 Conceito de derivada

Seja $f(x)$ uma função contínua. Tomemos $f(x)$ num ponto deslocado de Δx. A variação Δf entre x e $x + \Delta x$ é

$$\Delta f = f(x + \Delta x) - f(x) \tag{1.6}$$

A derivada de $f(x)$ no ponto x, que é denotada por $f'(x)$ ou df/dx, é definida pelo limite de $\Delta f / \Delta x$ quando Δx tende a zero,

$$f'(x) = \frac{df}{dx} = \lim_{\Delta x \to 0} \frac{f(x + \Delta x) - f(x)}{\Delta x} \tag{1.7}$$

Na segunda notação, df e dx podem ser vistos como variações infinitesimais. Nota-se que a definição de derivada leva à indeterminação $0/0$. Veremos como resolvê-la para cada tipo de função que formos estudando. Neste capítulo, ficaremos restritos à função de potência.

Logo no início da Física Básica, o conceito de derivada aparece nas definições de velocidade e aceleração. Veremos um pouco mais de detalhes no final do capítulo. Seu uso no tratamento de alguns princípios físicos será apresentado no Capítulo 2. Falemos, agora, do seu significado geométrico.

1.2.1 Significado geométrico

Veja, por favor, a Figura 1.1. A razão $\Delta f / \Delta x$ é a tangente do ângulo formado pelo segmento de reta $\overline{PQ}$ com o eixo x (ângulo β). Chamemos esta tangente, simplesmente, de *inclinação* da reta que passa por PQ.

Quando fazemos $\Delta x \to 0$, o ponto Q aproxima-se de P e, consequentemente, a reta que passa por PQ tende à tangente à curva em P, como aparece ilustrado na Figura 1.2 (o ângulo β tende ao ângulo α). Assim, geometricamente, a derivada no ponto P corresponde à inclinação da curva neste ponto. É a tangente do ângulo que a reta tangente faz com o eixo x.

$$\lim_{\Delta x \to 0} \frac{\Delta f}{\Delta x} = \tan \alpha \tag{1.8}$$

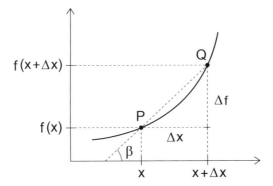

Figura 1.1: Gráfico de certa função $f(x)$ versus x

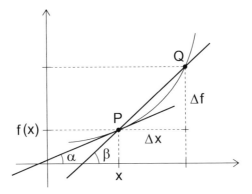

Figura 1.2: Significado geométrico da derivada

1.2. CONCEITO DE DERIVADA

Na subseção a seguir, aplicaremos a relação (1.7) para calcular a derivada de algumas funções e, também, usaremos seu significado geométrico para obter informações sobre elas, principalmente no tocante a máximos e mínimos.

1.2.2 Máximos e mínimos

Faremos o desenvolvimento através de alguns exemplos.

1º exemplo

Vamos calcular a derivada de $y(x) = x^2$ (caso particular de função de potência). Usando a definição (1.7) e o que vimos sobre limites na seção anterior (bem como nos diversos itens do exercício 1), diretamente temos

$$\begin{aligned} y'(x) &= \lim_{\Delta x \to 0} \frac{(x + \Delta x)^2 - x^2}{\Delta x} \\ &= \lim_{\Delta x \to 0} \frac{x^2 + 2x\,\Delta x - x^2}{\Delta x} = 2x \end{aligned} \quad (1.9)$$

Assim, a derivada da função $y(x) = x^2$ é outra função, dada por $y'(x) = 2x$. Sejam algumas observações.

(i) O resultado acima nos diz que a derivada $y'(x)$ é negativa para $x < 0$; e positiva, para $x > 0$. Pelo que vimos sobre seu significado geométrico, antes de $x = 0$, $\tan \alpha < 0$ (veja, por favor, o ponto P_1 da Figura 1.3, $\alpha_1 > 90°$); depois de $x = 0$, $\tan \alpha > 0$ (ponto P_2, em que $\alpha_2 < 90°$). Isto significa que em $x = 0$, ponto onde a inclinação é zero, $y'(0) = 0$, a curva passa por um mínimo (também está mostrado na Figura 1.3).

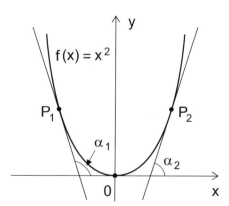

Figura 1.3: Gráfico da curva $f(x) = x^2$

(ii) Quando a curva passa por máximo ou mínimo, a derivada é nula. O que vimos no item anterior constitui um processo para saber se o ponto corresponde a máximo ou mínimo, ou seja, verificar a inclinação da curva antes e depois do ponto. Se fosse máximo seria ao contrário, antes $y' > 0$ e depois $y' < 0$.

(*iii*) Continuemos um pouco mais com o significado geométrico. No caso do exemplo, como a inclinação vai aumentando com x, significa que a concavidade da curva fica voltada para cima. Esta variação da inclinação, ou seja, variação de $y'(x)$, corresponde à derivada segunda (assim como a variação da função está associada à sua derivada). A derivada segunda dá a concavidade em cada ponto. No caso do exemplo, como $y'(x)$ é sempre crescente, sua inclinação é sempre positiva. De fato,

$$y''(x) = \lim_{\Delta x \to 0} \frac{2(x + \Delta x) - 2x}{\Delta x} = 2$$

A concavidade está sempre voltada para cima (como aparece na Figura 1.3).

(*iv*) Em virtude de a derivada segunda nos dizer sobre a concavidade da curva em cada ponto, também constitui uma processo para verificação de máximos e mínimos. Quando é positiva no ponto, corresponde à mínimo (concavidade para cima); se negativa, a máximo (concavidade para baixo). O exemplo a seguir fornece mais detalhes sobre tudo isto.

2° exemplo

Consideremos a função (também um caso particular de função de potência),

$$y(x) = (x-3)^2 x$$

Fica como exercício a obtenção das derivadas primeira e segunda (exercício 2),

$$y'(x) = 3(x-1)(x-3)$$
$$y''(x) = 6(x-2)$$

Todas as características da curva estão nessas relações e podem ser comprovadas no gráfico de $y(x)$ versus x, mostrado na Figura 1.4. Vejamos.

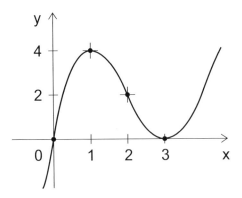

Figura 1.5: Gráfico da curva $y = (x-3)^2 x$

(*i*) Em $x = 1$ e $x = 3$ a primeira derivada é nula. Antes de $x = 1$, é positiva e, logo depois, negativa. Assim, $x = 1$ corresponde a um máximo. Isto

1.2. CONCEITO DE DERIVADA

também é verificado no valor da segunda derivada neste ponto, $y''(1) = -6 < 0$ (concavidade da curva para baixo).

(ii) De forma semelhante, concluímos que $x = 3$ corresponde a mínimo. Antes, y' é negativo e, depois, positivo. Também, $y''(3) = 6 > 0$ (concavidade da curva para cima).

(iii) Mais uma informação. Em $x = 2$, vemos que $y''(2) = 0$, Corresponde a um ponto em que a curva muda de concavidade, é chamado *ponto de inflexão*.

3° exemplo

Neste exemplo, vamos olhar para o gráfico apenas no final (na verdade, nem precisaríamos dele). Todas as informações estão contidas na função e na sua derivada (a segunda derivada confirma algumas informações).

Seja a função de $y(x) = x^3$ (outro caso particular de função de potência). Usando novamente a definição (1.7) (e procedimento semelhante aos que já fizemos, incluindo o exercício 1), temos,

$$
\begin{aligned}
y'(x) &= \lim_{\Delta x \to 0} \frac{(x + \Delta x)^3 - x^3}{\Delta x} \\
&= \lim_{\Delta x \to 0} \frac{(x + \Delta x)^2 (x + \Delta x) - x^3}{\Delta x} \\
&= \lim_{\Delta x \to 0} \frac{(x^2 + 2x\,\Delta x)(x + \Delta x) - x^3}{\Delta x} \\
&= \lim_{\Delta x \to 0} \frac{x^3 + 3\,x^2\,\Delta x - x^3}{\Delta x} = 3\,x^2
\end{aligned}
\tag{1.10}
$$

Agora, apesar de a derivada ser nula em $x = 0$, vemos que $y'(x)$ é positiva antes e depois de $x = 0$. Assim, este ponto não corresponde nem a máximo nem a mínimo. Pela derivada segunda da função, $y''(x) = 6\,x$, vemos que também é nula em $x = 0$, mas $y''(x) < 0$ (concavidade para baixo) quando $x < 0$ e $y''(x) > 0$ (concavidade para cima) quando $x > 0$. Então, $x = 0$ corresponde a um ponto de inflexão (caso particular de ponto de inflexão, em que a primeira derivada também é nula). Observando a Figura 1.5, podemos comprovar tudo que foi dito.

Quando deduzirmos a expressão da derivada para o caso geral da função de potência, o que ocorrerá logo após a subseção seguinte, voltaremos à questão geométrica de forma mais ampla. Por enquanto, sugiro ao estudante fazer os exercícios 3-6.

1.2.3 Propriedades da derivada

Como mencionei, na próxima seção obteremos a expressão geral da derivada da função de potência (as trigonométricas, exponencial e logarítimica ficarão para outros capítulos). Tratemos, agora, de suas propriedades gerais (o estudante deparou com algumas delas, implicitamente, na resolução dos exercícios 2-6).

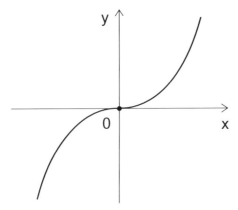

Figura 1.5: Gráfico da curva $f(x) = x^3$

Derivada de função de função

Seja f uma função de u, $f = f(u)$, e u função de x, $u = u(x)$. Vejamos como calcular a derivada de f em relação a x. Partindo da definição de derivada, relação (1.7), temos

$$\begin{aligned}
\frac{df}{dx} &= \lim_{\Delta x \to 0} \frac{\Delta f}{\Delta x} \\
&= \lim_{\Delta x \to 0} \frac{\Delta f}{\Delta u} \frac{\Delta u}{\Delta x} \\
&= \lim_{\Delta u \to 0} \frac{\Delta f}{\Delta u} \lim_{\Delta x \to 0} \frac{\Delta u}{\Delta x} \\
&= \frac{df}{du} \frac{du}{dx}
\end{aligned} \qquad (1.11)$$

Na segunda linha multiplicou-se e dividiu-se por Δu. Na terceira, usou-se o fato de as funções serem contínuas (quando $\Delta x \to 0$, também $\Delta u \to 0$). A passagem para a última linha corresponde ao uso direto da definição de derivada. Acho também oportuno enfatizar a utilidade da notação d/dx e d/du, em que aparece, explicitamente, a variável relacionada à derivação. O uso da plica é restrito, convencionalmente, à variável x.

O resultado (1.11) nos diz que a derivada da função $f(u)$ em relação a x (sendo u função de x) é a derivada de f em relação a u vezes a derivada de u em relação a x. É também conhecido como *regra da cadeia*.[1]

---

[1] Em matemática, o uso da palavra "regra" geralmente significa algum processo prático sem preocupação com sua justificativa. Este não será o nosso procedimento. Sempre procuraremos justificar o que estamos usando.

1.2. CONCEITO DE DERIVADA

A derivada é uma operação linear

Significa que o operador d/dx atuando sobre $c_1 f_1(x) + c_2 f_2(x)$, em que c_1 e c_2 são constantes, fornece

$$\frac{d}{dx}\left(c_1 f_1(x) + c_2 f_2(x)\right) = c_1 \frac{d}{dx} f_1(x) + c_2 \frac{d}{dx} f_2(x) \tag{1.12}$$

É demonstrada diretamente através da sua própria definição,

$$\begin{aligned}
\frac{df}{dx} &= \lim_{\Delta x \to 0} \frac{\Delta f}{\Delta x} \\
&= \lim_{\Delta x \to 0} \left(c_1 \frac{\Delta f_1}{\Delta x} + c_2 \frac{\Delta f_2}{\Delta x}\right) \\
&= c_1 \lim_{\Delta x \to 0} \frac{\Delta f_1}{\Delta x} + c_2 \lim_{\Delta x \to 0} \frac{\Delta f_2}{\Delta x} \\
&= c_1 \frac{d}{dx} f_1(x) + c_2 \frac{d}{dx} f_2(x)
\end{aligned}$$

Derivada do produto de funções

Consideremos que $f(x)$ seja o produto de duas funções, $g(x)$ e $h(x)$,

$$f(x) = g(x)\, h(x)$$

Como de praxe, para usar a definição de derivada, precisamos de Δf,

$$\begin{aligned}
\Delta f &= f(x + \Delta x) - f(x) \\
&= g(x + \Delta x)\, h(x + \Delta x) - g(x)\, h(x)
\end{aligned}$$

Somemos e subtraiamos a quantidade $g(x)\, h(x + \Delta x)$ na relação acima e agrupemos convenientemente os termos,

$$\begin{aligned}
\Delta f &= g(x + \Delta x)\, h(x + \Delta x) - g(x)\, h(x) \pm g(x)\, h(x + \Delta x) \\
&= \left[g(x + \Delta x) - g(x)\right] h(x + \Delta x) + g(x)\left[h(x + \Delta x) - h(x)\right]
\end{aligned}$$

Dividindo ambos os lados por Δx e tomando o limite quando $\Delta x \to 0$, vem

$$\begin{aligned}
\lim_{\Delta x \to 0} \frac{\Delta f}{\Delta x} &= \lim_{\Delta x \to 0} \frac{g(x + \Delta x) - g(x)}{\Delta x}\, h(x + \Delta x) \\
&\quad + g(x) \lim_{\Delta x \to 0} \frac{h(x + \Delta x) - h(x)}{\Delta x} \\
&= g'(x)\, h(x) + g(x)\, h'(x) \tag{1.13}
\end{aligned}$$

Por simplicidade, usei a plica para representar a derivada em relação a x.

Derivada do quociente de funções

Seja $f(x)$ dada pelo quociente das funções, $g(x)$ e $h(x)$,

$$f(x) = \frac{g(x)}{h(x)}$$

Podemos usar o resultado anterior escrevendo,

$$f(x)\,h(x) = g(x)$$

O lado esquerdo é um produto de funções. Derivando ambos os lados em relação a x, temos

$$f'(x)\,h(x) + f(x)\,h'(x) = g'(x)$$
$$\Rightarrow \quad f'(x)\,h(x) + \frac{g(x)}{h(x)}\,h'(x) = g'(x)$$
$$\Rightarrow \quad f'(x) = \frac{g'(x)\,h(x) - g(x)\,h'(x)}{h^2(x)} \qquad (1.14)$$

1.3 Derivada da função de potência

Nos exemplos de limites e derivadas vistos até então, usamos casos simples de função de potência, em que a variável estava elevada a um número inteiro. De forma geral, função de potência corresponde à variável (real) elevada a um número racional qualquer. Vamos denotá-la por

$$f(x) = x^a \qquad (1.15)$$

em que a é o número racional (que pode ser obtido pela divisão de dois números inteiros).[2] Vamos obter a expressão da sua derivada. Comecemos com o caso simples de $f(x) = x^2$. Já vimos que sua derivada é $2x$. Vimos, também, que a derivada de x^3 é $3\,x^2$. Vamos obtê-la novamente usando a propriedade da derivada do produto de funções,

$$\begin{aligned}
\frac{d}{dx}\,x^3 &= \frac{d}{dx}\left(x\,x^2\right) \\
&= \left(\frac{d}{dx}\,x\right)x^2 + x\,\frac{d}{dx}\,x^2 \\
&= x^2 + x \times 2x \\
&= 3\,x^2
\end{aligned}$$

---

[2] Por exemplo, $\sqrt{2}$ não pode. É um número irracional. Não existem dois números inteiros que divididos deem $\sqrt{2}$. Isto é provado e está associado a uma interessante história. É contada em vários livros. Também está no meu livro **Pensando com a Matemática**, Capítulo 5, Seção 5.3, Editora Livraria da Física.

1.3. DERIVADA DA FUNÇÃO DE POTÊNCIA

Para ficar bem claro, na segunda linha, deixei explícita a aplicação de (1.13). Diretamente, teríamos as derivadas de x^4 e x^5 (exercício 7),

$$\frac{d}{dx}x^4 = 4x^3$$

$$\frac{d}{dx}x^5 = 5x^4$$

Indutivamente, temos para qualquer n inteiro,

$$\frac{d}{dx}x^n = nx^{n-1} \tag{1.16}$$

que contém todos os casos particulares anteriores, incluindo $n = 0$ (derivada de uma constante).

Embora pareça claro que (1.16) vale para qualquer n inteiro, podemos fazer a comprovação verificando-a para $n+1$ (exercício 8). Vale para n negativo também. Mostremos isto. Façamos $n = -m$ em que m é um inteiro positivo,

$$x^n = x^{-m} \quad \Rightarrow \quad x^n x^m = 1$$

Queremos obter dx^n/dx. Sabemos dx^m/dx pois m é inteiro positivo. Assim, derivando os dois lados em relação a x, temos

$$\left(\frac{d}{dx}x^n\right)x^m + x^n m x^{m-1} = 0$$

$$\Rightarrow \quad \frac{d}{dx}x^n = -mx^{n-1} = nx^{n-1}$$

Finalmente, mostremos que vale para o caso geral de função de potência dado por (1.15). Escrevamos $a = n/m$, sendo n e m números inteiros (positivos ou negativos). Temos, então,

$$x^a = x^{n/m} \quad \Rightarrow \quad (x^a)^m = x^n$$

Derivemos ambos os lados em relação a x (o esquerdo é função de função),

$$m(x^a)^{m-1}\frac{d}{dx}x^a = nx^{n-1}$$

$$\Rightarrow \quad mx^{n-a}\frac{d}{dx}x^a = nx^{n-1}$$

$$\Rightarrow \quad \frac{d}{dx}x^a = \frac{n}{m}x^{n-1}x^{a-n} = ax^{a-1}$$

Então, a derivada da função de potência x^a em relação a x, sendo a um número racional qualquer, é

$$\frac{d}{dx}x^a = ax^{a-1} \tag{1.17}$$

28   *CAPÍTULO 1. DERIVADAS*

1.3.1   Alguns exemplos

1° exemplo

Vamos obter a derivada em relação a x da função

$$y = \sqrt{x^3 + 5x^2 + 7}$$

Usaremos a expressão geral da derivada de potência, dada por (1.17), bem como algumas das propriedades da derivada vistas na Subseção 1.2.3,

$$\begin{aligned}
\frac{dy}{dx} &= \frac{d}{dx}\left(x^3 + 5x^2 + 7\right)^{1/2} \\
&= \frac{1}{2}\left(x^3 + 5x^2 + 7\right)^{-1/2}\frac{d}{dx}\left(x^3 + 5x^2 + 7\right) \\
&= \frac{3x^2 + 10x}{2\sqrt{x^3 + 5x^2 + 7}}
\end{aligned}$$

Da primeira para a segunda linha usei a propriedade (1.11), função de função. Da segunda para terceira, usei a propriedade de a derivada ser uma operação linear. No final, apenas rearrumei os termos e voltei à notação da raiz quadrada.

2° exemplo

Vamos supor que, em lugar da função do exemplo anterior, tivéssemos

$$y^2 = x^3 + 5x^2 + 7$$

Para obter dy/dx não precisamos escrevê-la na forma inicial (mesmo porque a relação acima é mais geral e inclui, também, $y = -\sqrt{x^3 + 5x^2 + 7}$). Obtemos dy/dx derivando os dois lados em relação a x. O esquerdo é função de função. Assim,

$$2y\frac{dy}{dx} = 3x^2 + 10x \quad \Rightarrow \quad \frac{dy}{dx} = \frac{1}{2y}\left(3x^2 + 10x\right)$$

3° exemplo

Na mesma linha do que vimos acima, calculemos dy/dx para

$$y^4 + 5xy^3 + xy + 8x^2 = 8$$

Aqui, mesmo se quiséssemos, não seria simples explicitar y em termos de x. Calculemos, diretamente, dy/dx do jeito que está,

$$\begin{aligned}
4y^3\frac{dy}{dx} + 5y^3 + 15xy^2\frac{dy}{dx} + y + x\frac{dy}{dx} + 16x &= 0 \\
\Rightarrow \quad \left(4y^3 + 15xy^2 + x\right)\frac{dy}{dx} &= -5y^3 - y - 16x \\
\Rightarrow \quad \frac{dy}{dx} &= -\frac{5y^3 + y + 16x}{4y^3 + 15xy^2 + x}
\end{aligned}$$

1.3. DERIVADA DA FUNÇÃO DE POTÊNCIA

Sugiro ao estudante fazer os exercícios 9-12 antes do exemplo seguinte.

4° exemplo

Falemos mais um pouco sobre máximos e mínimos, tratados inicialmente na Subseção 1.2.2. Precisaremos deles nas aplicações gerais que veremos logo a seguir. Seja a função

$$y = 3\,x^4 - 8\,x^3 - 6\,x^2 + 24\,x + 10$$

Sua derivada é

$$y' = 12\left(x^3 - 2\,x^2 - x + 2\right)$$

Os máximos e mínimos ocorrem nos pontos em que a derivada é nula. Será uma equação do terceiro grau. Geralmente causa certa aversão. Mas, no caso, não há dificuldade para resolvê-la. Notamos que os coeficientes dos termos são números pequenos. Significa que as soluções não são números grandes (pois os demais termos não cancelariam o que fosse gerado pelo x^3 inicial). Por exemplo, diretamente vemos que $x = 4$ é grande para ser raiz. Se tentarmos $x = 3$ verificaremos que é grande também. O próximo é $x = 2$, que é raiz (mesmo se não fosse um número inteiro, poderíamos obtê-la de forma aproximada). As outras são 1 e -1. Assim, podemos escrever que y' é dada por

$$y' = 12\,(x + 1)(x - 1)(x - 2)$$

Verifiquemos, agora, quais raízes de y' correspondem a máximo ou mínimo. Às vezes, pela natureza do problema (como será visto nas aplicações gerais da subseção seguinte), pode ser direto identifica-los. Aqui também é simples. Vemos que para $x \to -\infty$, $y \to \infty$. Consequentemente, a função vai decrescendo com x. Logo, em $x = -1$ deve passar por mínimo e, como é contínua, passa por máximo em $x = 1$, e por mínimo novamente em $x = 2$.

Podemos fazer a confirmação pela inclinação da curva (sinal da derivada) antes e depois dos pontos. Antes de $x = -1$, por exemplo, $x = -2$, vemos que $y' < 0$. Entre $x = -1$ e $x = 1$, digamos, $x = 0$, temos $y' > 0$. Portanto, $x = -1$ realmente corresponde a mínimo. De forma semelhante, procederíamos para $x = 1$ e $x = 2$. Como sabemos, a confirmação também pode ser feita através da concavidade (sinal da derivada segunda). No caso,

$$y'' = 12\left(3\,x^2 - 4\,x - 1\right)$$

em $x = -1$, $y'' = 72 > 0$ (concavidade para cima). Analogamente, em $x = 1$, $y'' = -24 < 0$ (concavidade para baixo) e em $x = 2$, $y'' = 36 > 0$ (concavidade para cima).

Há, também, os pontos de inflexão (onde a curva muda de concavidade). Estão entre $x = -1$ e $x = 1$ e entre $x = 1$ e $x = 2$. São determinados através de $y'' = 0$, dados por

$$x = \frac{1}{3}\left(2 - \sqrt{7}\right) \simeq -0,215 \quad \text{e} \quad x = \frac{1}{3}\left(2 + \sqrt{7}\right) \simeq 1,55$$

Mais um detalhe. Os pontos $x = -1$ e $x = 2$ correspondem a mínimos, mas o valor mínimo da função está em $x = -1$ (que fornece $y = -9$). Da mesma forma, $x = 1$ corresponde a um máximo, dado por $y = 23$, mas o valor máximo da função não está aí. Vemos que possui vários pontos acima de $y = 23$. Seu máximo tende a infinito (mesmo que sua derivada não se anule para $x \to \pm\infty$). Por este motivo é que pontos como $x = -1$, $x = 1$ e $x = 2$ são também chamados de *máximos e mínimos relativos*. Estão relacionados a pontos onde a derivada é nula, mas podem não ser pontos onde a função passe, literalmente, por seus valores máximos ou mínimos.

Tudo que foi dito pode ser confirmado observando o gráfico da função na Figura 1.6. Também sugiro ao estudante, antes de passar para a subseção seguinte, fazer os exercícios 13 e 14.

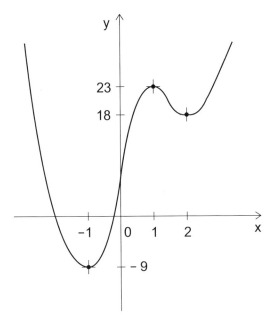

Figura 1.6: Gráfico de $y = 3x^4 - 8x^3 - 6x^2 + 24x + 10$

1.3.2 Aplicações gerais

Vejamos algumas aplicações gerais com o uso da derivada (através da função de potência). Veremos, também, casos simples de cinemática. Outras aplicações em Física começarão a partir do capítulo seguinte, quando estudaremos equações diferenciais (sua parte inicial).

1.3. DERIVADA DA FUNÇÃO DE POTÊNCIA

1° exemplo

Vamos supor que dispomos de uma placa quadrada de lado a e queremos construir uma caixa (sem tampa). Para tal, cortamos um pequeno quadrado de lado x em cada vértice (veja, por favor, a primeira parte da Figura 1.7). Depois, dobramos as linhas pontilhadas e a caixa será formada como mostra a segunda parte da figura. Qual deve ser o tamanho do quadrado a ser cortado de modo que a caixa tenha o maior volume?

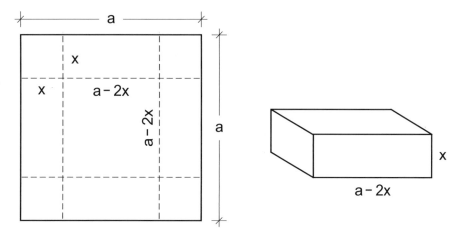

Figura 1.7: Caixa formada a partir de um quadrado de lado a

Comecemos escrevendo a expressão do volume da caixa,

$$V = (a - 2x)^2 x$$

Observamos que é uma função de x. Daqui para a frente, o tratamento é matemático. No ponto em que passa por máximo (ou mínimo), a inclinação da curva é zero. Assim, o que temos de fazer é calcular a derivada da função acima e igualar a zero. Pelo que já fizemos (em exemplos e diversos exercícios), diretamente temos

$$\begin{aligned} \frac{dV}{dx} &= 2(a-2x)(-2)x + (a-2x)^2 \\ &= (a-2x)(a-6x) \end{aligned}$$

Observamos que há dois valores de x em que $dV/dx = 0$, que são $a/2$ e $a/6$. O primeiro, naturalmente, corresponde a mínimo pois, para $x = a/2$, temos $V = 0$. Consequentemente, como a função é contínua, o outro valor está relacionado ao volume máximo. Se quisermos, podemos usar os processos de verificação de máximos e mínimos. Com a experiência que já temos, acredito que não haja necessidade. O problema está resolvido. O recipiente é, portanto, um paralelepípedo de base quadrada, lado $2a/3$, e altura $a/6$. Fica como exercício construir a caixa com tampa (exercício 15). Sugiro, também, fazer os exercícios 16-24 antes de passar para o exemplo seguinte.

2° exemplo

Consideremos um círculo com centro na origem, cuja equação é

$$x^2 + y^2 = 5$$

Nosso objetivo será calcular as equações das retas tangentes ao círculo nos pontos em que $x = 1$. Observamos que há dois pontos, correspondendo a $y = 2$ e $y = -2$. Vamos chamá-los de P e Q, respectivamente.

Escrevamos a equação geral da reta,

$$y = ax + b$$

Concentremo-nos, inicialmente, no ponto $P(1, 2)$. Para que a reta passe por ele, seus coeficientes a e b devem satisfazer,

$$a + b = 2$$

Como também é tangente ao círculo, ambos devem ter a mesma inclinação em P. A inclinação da reta é sempre a. A do círculo é obtida diretamente, derivando sua equação,

$$2x + 2y\,\frac{dy}{dx} = 0 \quad \Rightarrow \quad \frac{dy}{dx} = -\frac{x}{y} = -\frac{1}{2}$$

Em que, na última passagem, foram substituídas as coordenadas de P. Assim, $a = -1/2$. Consequentemente, $b = 2 - a = 5/2$. E a equação da reta tangente ao círculo, passando por P, é

$$y = -\frac{1}{2}x + \frac{5}{2}$$

De forma semelhante, obtemos a equação da reta tangente em $Q(1, -2)$,

$$y = \frac{1}{2}x - \frac{5}{2}$$

Apenas por ilustração, a Figura 1.8 mostra os dois casos. Também, sugiro ao estudante fazer os exercícios 25-31 antes do exemplo seguinte.

3° exemplo

Seja a reta $y = 2x + 3$ e o ponto $P(1, 1)$. Notamos que P não pertence à reta. Queremos saber a menor distância entre eles.

Primeiramente, para não deixar nenhuma dúvida, vejamos como obter a distância entre dois pontos. É bem simples. Considerando os pontos P_1 e P_2, mostrados na Figura 1.9, notamos que a distância D entre eles é a hipotenusa

1.3. DERIVADA DA FUNÇÃO DE POTÊNCIA

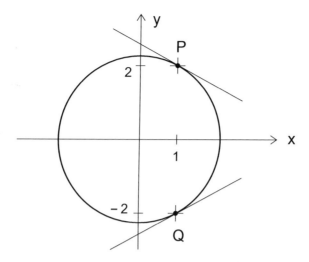

Figura 1.8: Círculo com retas tangentes em P e Q

de um triângulos retângulo, cujos catetos são as diferenças das coordenadas x e y. Assim, pelo teorema de Pitágoras,[3]

$$D^2 = (x_2 - x_1)^2 + (y_2 - y_1)^2 \qquad (1.18)$$

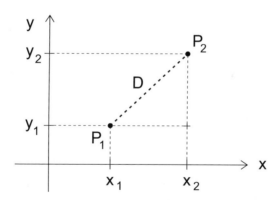

Figura 1.9: Distância entre os pontos P_1 e P_2

Se fosse em três dimensões, a distância D seria a diagonal de um paralelepípedo (que corresponde ao uso do teorema de Pitágoras duas vezes),

---

[3] Até agora, todas as relações que estamos usando foram demonstradas. A do teorema de Pitágoras está no Apêndice B. Aproveito para falar sobre algo muito interessante. Consideremos a relação do teorema de Pitágoras escrita como $x^2 + y^2 = z^2$. Ela possui solução para x, y e z inteiros (por exemplo, 3, 4 e 5). Entretanto, no caso de $x^n + y^n = z^n$, com $n > 2$, não há solução semelhante. Este é o famoso *Último Teorema de Fermat*, que levou mais de 350 anos para ser demonstrado! Só ocorreu no final do Século XX, por Andrew Wiles. Toda essa história, bem como outros assuntos relacionados à beleza da Matemática, está contada no livro **O Último Teorema de Fermat**, de Simon Singh, Editora Record.

$$D^2 = (x_2 - x_1)^2 + (y_2 - y_1)^2 + (z_2 - z_1)^2 \qquad (1.19)$$

Voltemos ao nosso exemplo. Tomemos Q um ponto de coordenadas (x, y) sobre a reta. A distância D entre P e Q é

$$D^2 = (x - 1)^2 + (y - 1)^2$$

Naturalmente, a condição $dD/dx = 0$ (também poderia ser $dD/dy = 0$) corresponderá a mínimo, pois a distância máxima é infinita. Para obtê-la, derivemos a expressão acima,

$$D \frac{dD}{dx} = (x - 1) + (y - 1) \frac{dy}{dx}$$

Como o ponto Q está sobre a reta, suas coordenadas são satisfeitas pela equação da reta. Assim, substituindo $y = 2x + 3$, encontramos

$$\begin{aligned} D \frac{dD}{dx} &= (x - 1) + (2x + 2) \times 2 \\ &= 5x + 3 \end{aligned}$$

Sendo $D \neq 0$, temos que $dD/dx = 0$ se $x = -3/5$ (como vimos, corresponde a mínimo). Esta é a coordenada x de Q. Obtém-se y usando a equação da reta, $y = 9/5$. Assim, a distância mínima de P à reta é

$$D^2_{\text{mín}} = \left(-\frac{3}{5} - 1 \right)^2 + \left(\frac{9}{5} - 1 \right)^2 \quad \Rightarrow \quad D_{\text{mín}} = \frac{4}{5} \sqrt{5} \simeq 1,79$$

Sugiro ao estudante fazer os exercícios 32 - 34 antes do exemplo seguinte.

4° exemplo

Seja uma partícula movendo-se ao longo do eixo x cuja posição (medida em metros) em cada instante (em segundos) é dada por

$$x(t) = t^4 - 18t^2 + 12$$

Nosso objetivo é estudar as características do movimento, considerando que ocorra entre $t = -5\,s$ e $t = 5\,s$.

Antes de começar, acho oportuno fazer um comentário. Esta relação nada tem a ver com as conhecidas expressões,

$$\begin{aligned} x(t) &= x_\text{o} + v_\text{o} t + \frac{1}{2} a t^2 \\ v(t) &= v_\text{o} + a t \end{aligned} \qquad (1.20)$$

1.3. DERIVADA DA FUNÇÃO DE POTÊNCIA

que só valem para a constante (o que não é o caso do nosso exemplo). São bem particulares. As expressões gerais de velocidade de aceleração são dadas por suas definições,

$$v(t) = \frac{dx}{dt} \quad \leftarrow \quad v(t) = \lim_{\Delta t \to 0} \frac{\Delta x}{\Delta t}$$
$$a(t) = \frac{dv}{dt} \quad \leftarrow \quad a(t) = \lim_{\Delta t \to 0} \frac{\Delta v}{\Delta t} \qquad (1.21)$$

No próximo capítulo, veremos como obter a equação do movimento a partir das relações acima (inclusive o caso particular com aceleração constante).

Voltemos ao nosso exemplo. Primeiramente, determinemos os instantes em que a partícula para (quando sua velocidade é zero). Calculemos a expressão da velocidade em cada instante,

$$v(t) = \frac{dx}{dt} = 4t^3 - 36t = 4t(t^2 - 9)$$

Vemos, então, que $v = 0$ em $t = 0$ e $t = \pm 3\,s$, que correspondem às posições, $x(0) = 12\,m$ e $x(\pm 3) = -69\,m$. Para ter mais informações do movimento, calculemos também a aceleração,

$$a(t) = 12t^2 - 36 = 12(t^2 - 3)$$

Ela é positiva entre $-\sqrt{3}\,s < t < \sqrt{3}\,s$ e negativa entre $-\sqrt{3}\,s > t > \sqrt{3}\,s$ (em $t = \pm\sqrt{3}\,s$ muda de sinal).

Temos todas as informações. Em $t = -5\,s$ está na posição $x = 187\,m$ com velocidade $v = -320\,m/s$. Vai diminuindo (em módulo) até parar em $x = -69\,m$ (quando $t = -3\,s$). Notamos que é consistente com a aceleração neste trecho, que é positiva (sentido contrário ao da velocidade). Aí, volta (movimento acelerado até $t = -\sqrt{3} \simeq -1,73\,s$ e, depois, retardado) quando para em $x = 12\,m$ (no instante $t = 0$). Volta novamente (sentido negativo e com as mesmas características) e para em $x = -69\,m$, quando $t = 3\,s$. Depois, volta até $t = 5\,s$, chegando de novo em $x = 187\,m$ com $v = 320\,m/s$. A Figura 1.10 mostra, ilustrativamente, o esquema do movimento.

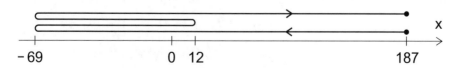

Figura 1.10: Ilustração da trajetória da partícula

Sugiro ao estudante fazer o exercício 35.

5° exemplo

Consideremos que as trajetórias de duas partículas, A e B, movimentando-se no espaço, sejam dadas pelos vetores[4]

$$\vec{r}_A(t) = (t-1)\,\hat{\imath} + (2t+1)\,\hat{\jmath} - (t+1)\,\hat{k}$$
$$\vec{r}_B(t) = (3-2t)\,\hat{\imath} + (3t-2)\,\hat{\jmath} + (t-2)\,\hat{k}$$

em que o tempo é medido em segundos e as distâncias em metros. Queremos saber o instante e a distância de maior aproximação.

A Figura 1.11 mostra, genericamente, as posições das partículas em cada instante. O vetor $\vec{r}_{B,A}(t)$ corresponde à posição da partícula B em relação à A. Como $\vec{r}_B$ é o vetor resultante entre $\vec{r}_A$ e $\vec{r}_{B,A}$, temos

$$\vec{r}_A + \vec{r}_{B,A} = \vec{r}_B \quad \Rightarrow \quad \vec{r}_{B,A} = \vec{r}_B - \vec{r}_A$$

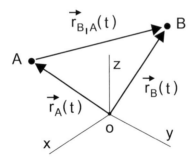

Figura 1.11: Partículas A e B movimentando-se no espaço

Substituamos as expressões de $\vec{r}_A$ e $\vec{r}_B$,

$$\vec{r}_{B,A}(t) = (4-3t)\,\hat{\imath} + (t-3)\,\hat{\jmath} + (2t-3)\,\hat{k}$$

Seu módulo é a distância entre as partículas. Chamando-o de D (diagonal de um paralelepípedo em que os lados são as componentes), temos

$$D^2 = (4-3t)^2 + (t-3)^2 + (2t-3)^2$$

Para obter a distância mínima, derivamos os dois lados em relação a t,

$$2D\,\frac{dD}{dt} = 2(4-3t)(-3) + 2(t-3) + 2(2t-3)\,2$$
$$= 14(2t-3) \quad \Rightarrow \quad \frac{dD}{dt} = 0 \text{ se } t = \frac{3}{2} = 1,5\,s$$

que corresponde à distância mínima (pois a máxima é infinita) dada por

---

[4] Caso o estudante tenha alguma dúvida quanto à notação vetorial, veja, por favor, o Apêndice A. No caso, apenas a Seção A.1 é suficiente.

1.4. EXPANSÃO EM SÉRIE DE POTÊNCIAS

$$D^2_{\text{mín}} = \left(4 - \frac{9}{2}\right)^2 + \left(\frac{3}{2} - 3\right)^2 = \frac{10}{4} \quad \Rightarrow \quad D_{\text{mín}} = \frac{\sqrt{10}}{2} \simeq 1,6\,m$$

Na seção a seguir, complementaremos o capítulo falando, um pouco, sobre expansão em série de potências. Antes disso, acho oportuno fazer um comentário. Até agora, só vimos uma expressão de derivada, a da função de potência. Continuaremos só com ela, também, nos dois capítulos seguintes. É comum, nos livros de Cálculo, encontrarem-se extensos formulários (existem livros só com fórmulas). O uso de uma ou outra relação conhecida, como temos feito, por exemplo, com o teorema de Pitágoras (que, aliás, como disse, está demonstrado no Apêndice B), facilita o desenvolvimento. Entretanto, pensar com a Matemática, ou dialogar com a Natureza através da Matemática, não pode se resumir apenas ao uso de fórmulas.[5]

Sugiro ao estudante fazer os exercícios 36 - 39 antes da seção seguinte.

1.4 Expansão em série de potências

Antes de passar para o próximo capítulo, vejamos, brevemente, este interessante assunto. Logo após, faremos sua aplicação na *expansão binomial*, na qual o estudante terá uma visão mais ampla sobre o binômio de Newton, aprendido no segundo grau. Nos capítulos seguintes, veremos a expansão em série de potências para outras funções.

1.4.1 Expansão em série

Vou apresentá-la de forma bem direta, seguindo o ponto de vista da indução matemática. Seja a função $f(x)$ (com o desenvolvimento iremos vendo as condições que precisa satisfazer). Nosso objetivo é fazer uma expansão em torno de um certo ponto. Consideremos que seja $x = a$. Naturalmente, se substituirmos x por a nesta expansão, deveremos ter como resultado $f(a)$. Também, se substituirmos $x = a$ na derivada da expansão o resultado deverá ser $f'(a)$. E sucessivamente para $f''(a)$, $f'''(a)$ etc.

Comecemos pensando apenas na compatibilidade com $f(a)$ e $f'(a)$. Assim, os termos iniciais da expansão devem ser

$$f(x) = f(a) + (x - a)f'(a) + \cdots \tag{1.22}$$

em que os pontos depois do sinal + representam os termos que ainda iremos acrescentar. De fato, substituindo $x = a$ no lado direito, o segundo termo se anula. Também, derivando em relação a x, temos a compatibilidade com o segundo termo. Façamos, agora, a inclusão do termo com $f''(a)$,

---

[5] Esta é a linha dos meus livros **Pensando com a Matemática** e **Matemática para Físicos com aplicações** (Volumes 1 e 2), publicados pela Editora Livraria da Física.

$$f(x) = f(a) + (x - a) f'(a) + \frac{1}{2} (x - a)^2 f''(a) + \cdots \qquad (1.23)$$

Como podemos observar, substituindo $x = a$ no lado direito, obtemos $f(a)$. Derivando os três termos da expansão e substituindo $x = a$, temos $f'(a)$. Finalmente, derivando duas vezes e fazendo a mesma substituição o resultado $f''(a)$ é obtido.

Com o que fizemos até aqui, já dá para perceber quais são os demais termos,

$$\begin{aligned} f(x) &= f(a) + f'(a) (x - a) + \frac{1}{2} f''(a) (x - a)^2 + \frac{1}{3!} f'''(a) (x - a)^3 + \cdots \\ &= \sum_{n=0}^{\infty} \frac{1}{n!} f^{(n)}(a) (x - a)^n \end{aligned} \qquad (1.24)$$

em que $f^{(n)}(a)$ está representando derivada n-ésima de $f(x)$ no ponto $x = a$. Vemos, também, a condição que $f(x)$ deve satisfazer para ter expansão em série de potências, em torno de $x = a$. Ser diferenciável em qualquer ordem neste ponto. Só mais um detalhe, a notação $n!$ representa o fatorial de n,[6]

$$n! = n(n-1)(n-2) \cdots 1 \qquad (1.25)$$

Esta expansão também tem o nome de *Série de Taylor*. No caso particular de ser em torno do ponto $x = 0$, isto é,

$$\begin{aligned} f(x) &= f(0) + f'(0) x + \frac{1}{2} f''(0) x^2 + \frac{1}{3!} f'''(0) x^3 + \cdots \\ &= \sum_{n=0}^{\infty} \frac{1}{n!} f^{(n)}(0) x^n \end{aligned} \qquad (1.26)$$

recebe o nome de *Série de Maclaurin*.

Uma questão importante é sobre as condições de as somas infinitas, que aparecem nas relações acima, convergirem. Para não sobrecarregar o desenvolvimento, deixaremos essa questão para mais tarde. Nosso objetivo, no momento, é relacionar o que fizemos à expansão binomial (cujo caso particular leva ao binômio de Newton) e mostrar uma aproximação de muita utilidade, que será vista na última subseção.

1.4.2 Expansão binomial

Consideremos a função $f(x) = (a + x)^n$ (como mencionei, nos capítulos seguintes usaremos outras funções). Vamos fazer a expansão em torno do ponto $x = 0$

---

[6] O conceito de fatorial não está restrito a números inteiros. Sua extensão é feita pela *função gama* (também chamada *função fatorial*), que é expressa por integral envolvendo função exponencial. Falaremos sobre ela no Capítulo 5.

1.5. EXERCÍCIOS

(série de Maclaurin). O primeiro termo é a^n; o segundo, $n\,a^{n-1}\,x$; o terceiro, $n\,(n-1)\,a^{n-2}\,x^2/2!$; e assim sucessivamente. Portanto, podemos escrever que o resultado da expansão é

$$(a+x)^n = a^n + n\,a^{n-1}\,x + \frac{1}{2!}\,n\,(n-1)\,a^{n-2}\,x^2$$
$$+ \frac{1}{3!}\,n\,(n-1)\,(n-2)\,a^{n-3}\,x^3 + \cdots \qquad (1.27)$$

que é a *expansão binomial*, válida para qualquer n. Substituindo $x = b$ e considerando n um número inteiro, teremos o binômio de Newton,

$$(a+b)^n = a^n + n\,a^{n-1}\,b + \frac{1}{2!}\,n\,(n-1)\,a^{n-2}\,b^2$$
$$+ \frac{1}{3!}\,n\,(n-1)\,(n-2)\,a^{n-3}\,b^3 + \cdots \qquad (1.28)$$

1.4.3 Aproximação binomial

Para concluir, a expansão binomial permite uma aproximação muito usada. Fazendo $a = 1$ em (1.27), temos

$$(1+x)^n \simeq 1 + nx \quad \text{para} \quad x \ll 1 \qquad (1.29)$$

O que significa, quantitativamente, $x \ll 1$ vai depender do que estamos desenvolvendo e dos algarismos que estamos considerando. Por exemplo, no caso da raiz $\sqrt{1,2}$, teríamos

$$\sqrt{1,2} = \left(1+0,2\right)^{1/2} \simeq 1 + 0,1 = 1,1$$

O valor de $\sqrt{1,2}$ com sete algarismos significativos é $1,095\,445$. Assim, notamos que a relação (1.29) fornece um resultado aproximado com três algarismos significativos ($\sqrt{1,2} \simeq 1,10$).

1.5 Exercícios

1 - Calcular os limites, usando o processo que achar mais conveniente.[7]

a) $\displaystyle\lim_{t\to 2} \frac{t+3}{t+2}$ b) $\displaystyle\lim_{x\to 2} \frac{x^2+5x+6}{x+2}$ c*) $\displaystyle\lim_{x\to 2} \frac{x^2-5x+6}{x-2}$

d) $\displaystyle\lim_{y\to\infty} \frac{y+1}{y^2+1}$ e) $\displaystyle\lim_{t\to\infty} \frac{t^2-2t+3}{2t^2+5t-3}$ f) $\displaystyle\lim_{x\to 4} \frac{x^2-16}{x^2+x-20}$

g) $\displaystyle\lim_{r\to a} \frac{r^3-ar^2-a^2r+a^3}{r^2-a^2}$ h) $\displaystyle\lim_{t\to 2} \frac{t^3-8}{t^2+t-6}$

---

[7] Os exercícios marcados com asterisco estão resolvidos no Apêndice C. Não são necessariamente os mais difíceis. Sugiro ao estudante que primeiro tente resolvê-los antes de verificar a solução.

40 · CAPÍTULO 1. DERIVADAS

i*) $\displaystyle\lim_{x\to 2}\frac{(x-1)^5-1}{x-2}$ j) $\displaystyle\lim_{x\to 2}\frac{(x-1)^9-1}{x-2}$

2* - Obter as derivadas primeira e segunda da função $y=(x-3)^2\,x$ (segundo exemplo da Subseção 1.2.2).

3 - Usando a definição de derivada, relação (1.7), obter a derivada da função $y=x^2+3x+1$ (parábola). Em que ponto a derivada é zero? Corresponde a um máximo ou mínimo?

4 - Idem para $y=-3x^2+5x+2$.

5* - Seja a equação geral da parábola $y=ax^2+bx+c$. Usando também a relação (1.7), obter y'. Mostrar que passa por um máximo ou mínimo em $x=-b/2a$. Quando é máximo e quando é mínimo? Relacionar com os casos particulares dos exercícios 3 e 4.

6 - Continuando com o uso da definição (1.7), obter a derivada em relação a x das seguintes funções, bem como os pontos de máximo ou mínimo.

   a) $y=(x+3)^2$ b) $y=(x+1)(x-2)$ c*) $y=(x+1)^2\,(x-2)$

7 - Obter a derivada de x^4 partindo do produto $x^4=x\,x^3$. Depois, idem para x^5 partindo de $x^5=x\,x^4$.

8* - Mostre que a relação (1.16) é válida para $n+1$, isto é, mostre que

$$\frac{d}{dx}\,x^{n+1}=(n+1)\,x^n$$

9* - Obter a derivada das funções do exercício 6, usando (1.17) e as propriedades da derivada, vistas na Subseção 1.2.3.

10 - Idem para as funções abaixo, calculando as derivadas em relação às variáveis indicadas.

   a) $y=\dfrac{2-x}{1+4\,x^3}$ b) $r=\dfrac{\sqrt[3]{2+\theta}}{\theta}$ c) $y=x^3\,\sqrt{5-4x}$

   d) $s=\sqrt{t-\dfrac{3}{t^2}}$ e*) $y=\dfrac{\sqrt{1+2x}}{\sqrt[4]{1+3\,x^2}}$ f*) $s=\sqrt[3]{\dfrac{1+t}{1-t}}$

11 - Calcular dy/dx das seguintes funções

   a) $x^2+y^2=5$ b) $x^2\,y^2=x^2+y^2$
   c) $2xy+y^2=x+y$ d) $x^3-xy+y^3=1$
   e) $x^{2/3}+y^{2/3}=5$ f) $(x+y)^3+(x-y)^3=x^4+y^4$

12* - Considerando $f(x)=g(x)/h(x)=g(x)\,h^{-1}(x)$, obter novamente a relação (1.14), usando (1.11), (1.13) e (1.17).

13 - Obter os pontos de máximo, mínimo e inflexão das seguintes funções

   a) $y=6-2x-x^2$ b) $y=2x^2-4x+3$
   c) $y=x^3-3\,x^2+2$ d) $y=12-12x+x^3$

1.5. EXERCÍCIOS

e) $y = x^4 - 32x + 48$ f) $y = 2x^3 - 3x^2 - 12x + 2$

g) $y = x^2 + \dfrac{2a^3}{x}$ h*) $y = \dfrac{x}{x^2 + a^2}$

em que a é uma constante positiva. Para identificar os máximos e mínimos, usar o processo que achar mais conveniente.

14 - Obter os pontos de máximo e mínimo (a e b são constantes positivas)

a) $y = (2 + x)^{1/3}(1 - x)^{2/3}$ b) $y = \dfrac{(x - a)(b - x)}{x^2}$

15* - Refazer o primeiro exemplo da Subseção 1.3.2 para caixa com tampa.

16 - Planeja-se construir um recipiente, forma cilíndrica, para conter certo volume. Qual o relacionamento entre a altura h e o raio R da base que proporciona maior economia de material (casos com tampa e sem tampa)?

17* - Seja um fio de comprimento l. Qual o retângulo de maior área que é possível formar com este fio? Idem para o triângulo isósceles. Idem para o triângulo retângulo.

18* - Achar as dimensões do retângulo de maior área inscrito num semicírculo de raio R. Idem para um trapézio.

19 - Achar as dimensões do triângulo isósceles de menor área circunscrito a um círculo de raio R.

20 - Achar as dimensões do cone de maior volume inscrito numa esfera de raio R? Idem para o de menor volume circunscrito à mesma esfera.

21 - Deseja-se construir uma caixa, base quadrada, com capacidade $108\,cm^3$. Quais as suas dimensões para que o custo seja mínimo (casos com e sem tampa)?

22* - Achar dois números cuja soma é 20 e o produto do quadrado de um com o triplo do outro dá o maior valor possível. Idem, considerando agora o produto do quadrado de um com o cubo do outro.

23 - O projeto de uma pista de atletismo de $800\,m$ está mostrado na Figura 1.12, em que as extremidades são semicírculos de raio $b/2$. O retângulo central é um campo de futebol. Quais devem ser suas dimensões para que tenha a maior área?

24* - Vamos supor o seguinte custo referente à construção de um prédio comercial (é só imaginação): terreno, planta, projeto etc., R\$ 350 000,00; 1° andar, R\$ 50 000,00; 2° andar, R\$ 55 000,00; 3° andar, R\$ 60 000,00; e assim por diante aumentando R\$ 5 000,00 por andar. Estima-se que, depois de pronto, cada andar dará um lucro de R\$ 20 000,00 por ano. Qual o número de andares que proporcionará retorno mais rápido do capital investido?

25* - Mostrar que a reta $y = -x$ é tangente à curva $y = x^3 - 6x^2 + 8x$ e achar o ponto de tangência. Idem para $y = 9x - 15$ e $y = x^3 - 3x + 1$.

26 - Obter as equações das retas tangentes à curva

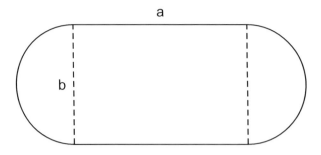

Figura 1.12: Exercício 23

$$y^2 = \frac{x^3}{2a-x}$$

nos pontos de coordenada $x = a$. A título de informação, esta curva tem o nome de *cissoide*.

27 - Idem para as curvas abaixo e nos pontos indicados,

   a) $y = x^3 - 3x$ em $x = 2$

   b) $y = \dfrac{2x+1}{3-x}$ em $x = 2$

   c) $2x^2 - xy + y^2 = 16$ em $x = 3$

   d) $y^2 + 2y - 4x + 4 = 0$ em $x = 1$

   e) $\dfrac{x^2}{a^2} + \dfrac{y^2}{b^2} = 1$ (elipse)   em $x = 1$

28 - Idem para $(x+y)^3 + (x-y)^3 = x^4 + y^4$ em $x = 1$ e $y > 0$.

29* - Obter a equação da reta que passa pelo ponto $(-1, 2)$ e é tangente à curva $4xy = 1$. Achar o ponto de tangência.

30 - Idem para $x^2 + y^2 = 1$ e o ponto $(2,0)$. E também o ponto $(2,2)$.

31 - Achar os ângulos de interseção entre os seguintes pares de curvas

   a*) $x^2 + y^2 = 13$ e $y^2 = x + 1$

   b) $7x^2 + y^2 = 32$ e $x^2 + y^2 = 6$

32* - Obter a menor e a maior distância entre o ponto $(3,5)$ e o círculo $x^2 + y^2 = 4$.

33 - Idem para $(3,7)$ e $x^2 + y^2 - 2x - 4y + 1 = 0$ (também círculo).

34* - Obter a distância mínima entre $(2,1)$ e a parábola $y = x^2$.

35 - Uma partícula move-se ao longo do eixo x. Sua posição em cada instante é $x(t) = t^4 - 4t^3 + 4t^2 + 3$, com t medido em segundos e x em metros. Obter $v(t)$ e $a(t)$. Em que instantes a partícula para? Descrever o movimento desde $t = -1\,s$ até $t = 3\,s$.

1.5. EXERCÍCIOS

36* - Os barcos A e B partem no instante $t = 0$ das posições mostradas na Figura 1.13. Os módulos das velocidades são $v_A = 20\,km/h$ e $v_B = 30\,km/h$. Obter a distância e o instante de maior aproximação.

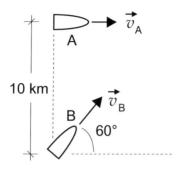

Figura 1.13: Exercício 36

37 - As partículas A e B deslocam-se ao longo dos eixos x e y com velocidades $\vec{v}_A = 2\,\hat{\imath}\,m/s$ e $\vec{v}_B = -3\,\hat{\jmath}\,m/s$. No instante $t = 0$, elas estão em $\vec{r}_A = -3\,\hat{\imath}\,m$ e $\vec{r}_B = -3\,\hat{\jmath}\,m$.

a) Escrever as posições das partículas num instante t qualquer.

b) Em que instante estarão mais próximas? Qual é esta distância?

38 - As partículas A e B deslocam-se pelo espaço com velocidades constantes, $\vec{v}_A = -2\,\hat{\imath} + \hat{\jmath} + \hat{k}$ e $\vec{v}_B = 3\,\hat{\imath} - \hat{\jmath} + 2\,\hat{k}$ (ambas em m/s). Em $t = 0$, estão em $\vec{r}_A = \hat{\imath} - 2\,\hat{\jmath} + 4\,\hat{k}$ e $\vec{r}_B = -\hat{\imath} + \hat{\jmath} - 3\,\hat{k}$ (medidos em metros). Obter o instante e a distância quando estão mais próximas.

39* - As posições de duas partículas A e B são dadas pelos vetores,

$$\vec{r}_A(t) = \left(t^2 + \frac{4}{9}\right)\hat{\imath} + \frac{16\,t}{3}\hat{\jmath} + \frac{t}{3}\hat{k}$$

$$\vec{r}_B(t) = 2\left(t^2 - 4\right)\hat{\imath} + t^2\,\hat{\jmath} + t\,\hat{k}$$

Qual a distância de maior aproximação? Em que instante isto ocorre?

Capítulo 2

Equações diferenciais

A maioria dos princípios físicos é expressa por meio de equações diferenciais, a começar pela segunda lei de Newton, familiar ao estudante nesta fase dos seus estudos.[1] Veremos mais adiante. Começaremos de forma bem mais simples.

2.1 As definições de velocidade e aceleração

Voltemos às definições de velocidade e aceleração, vistas no quarto exemplo da Subseção 1.3.2 (caso em uma dimensão),

$$\frac{dx}{dt} = v \qquad (2.1)$$

$$\frac{dv}{dt} = a \qquad (2.2)$$

São exemplos de *equações diferenciais* se considerarmos que as quantidades a serem determinadas são $x(t)$ na primeira e $v(t)$ na segunda. Tomam este nome porque essas variáveis aparecem sob a ação do operador diferencial (no caso, d/dt). Mais especificamente, são equações diferenciais de primeira ordem, porque o operador atua uma vez. Se combinássemos as duas e escrevêssemos,

$$\frac{d^2 x}{dt^2} = a \qquad (2.3)$$

teríamos uma equação diferencial de segunda ordem.[2]

---

[1] Mencionemos que na Teoria Eletromagnética, o fundamento está em quatro equações. Quando combinadas, fornecem a equação da onda, a onda eletromagnética (também uma equação diferencial). A Mecânica Quântica, na formulação de Schrödinger, também é uma equação diferencial, sem falar na equação de Einstein da Relatividade Geral.

[2] A notação de derivada segunda que aparece no lado esquerdo, não usada até agora, corresponde a atuação do operador diferencial duas vezes,

$$\frac{d}{dt}\frac{d}{dt}x = \left(\frac{d}{dt}\right)^2 x = \frac{d^2 x}{dt^2}$$

Vamos usá-las diretamente em alguns exemplos. Antes disso, acho oportuno fazer um comentário. Acredito ser bem pertinente. Às vezes, durante as aulas de Física Básica, com alguns estudantes mais adiantados no Cálculo, ouvia que para obter a posição a partir de (2.1), ou a velocidade de (2.2), tinha de "integrar". Realmente, podem-se obter posição e velocidade partindo de (2.1) e (2.2) por meio de integrais (assunto que veremos no próximo capítulo). Falemos um pouco mais sobre isto. Tomemos a relação (2.1) como referência e a escrevamos na forma diferencial,

$$dx = v\,dt \qquad (2.4)$$

que relaciona a variação infinitesimal da posição para uma variação, também infinitesimal, do tempo. De forma simples, integrar significa unir todos esses pequenos elementos (são infinitos) desde um ponto até outro (como mencionei, veremos detalhes no próximo capítulo). No caso, é opcional. Podemos partir tanto da equação diferencial (2.1) como do elemento diferencial (2.4). Toda equação diferencial de primeira ordem (aquelas que contêm derivada simples), que esteja associada a um elemento diferencial do tipo (2.4), pode ser tratada como uma integral.

Achei oportuno fazer este comentário porque equações diferenciais e integrais nem sempre são opções alternativas. Uma equação diferencial de ordem superior, como por exemplo (2.3), não pode se transformar em integral (também mencionemos que as chamadas integrais duplas, triplas etc. nada têm a ver com equações diferenciais de ordem superior). Concluindo, integrais e equações diferenciais têm seus próprios campos de atuação.

Voltemos às equações diferencias. Naturalmente, a questão agora é como resolver uma equação diferencial. Geralmente não há fórmulas. Às vezes há algumas regras práticas (que não daremos atenção). Nos casos que veremos, e com o conhecimentos de derivada que já temos, a solução é obtida diretamente. Diria que é só questão de mudança de postura em relação às equações algébricas. Refiro-me, principalmente, à do segundo grau, que possui uma conhecida fórmula (que aliás não precisa).[3] Veremos o caminho da solução apenas interpretando o que a equação diferencial está dizendo (e com o que aprendemos sobre derivadas).

2.1.1 Exemplos de solução de equações diferenciais

Como foi mencionado, consideraremos as equações diferenciais (2.1)-(2.3). No primeiro exemplo, vamos usá-las para o caso de aceleração constante, quando deveremos obter as conhecidas relações do segundo grau.

---

[3] Como mencionei na resolução do exercício 1.17, falo sobre isto no Capítulo 4 do meu livro **Pensando com a Matemática**, Editora Livraria da Física.

2.1. AS DEFINIÇÕES DE VELOCIDADE E ACELERAÇÃO

1° exemplo - movimento com aceleração constante

Comecemos com a equação (2.2). Ela está nos dizendo que $v(t)$ é algo que derivado em relação ao tempo dá $a = $ constante. Ora, pelo que sabemos de derivada, a solução só pode ser

$$v(t) = a\,t + C \tag{2.5}$$

em que C é uma constante. É claro que $v(t)$, dada por (2.5), é solução porque se a substituirmos em (2.2) a equação é verificada (não poderia conter termos em t^2, t^3 etc. pois suas derivadas nunca levariam a uma aceleração constante). Já a constante C faz parte da solução porque sua derivada sendo nula não altera o lado direito. Seu significado é simples de ser obtido. De novo, é só perceber o que a solução acima também está dizendo. Podemos observar que C é a velocidade quanto $t = 0$, ou seja, $v(0) = C$. Costuma ser representada por v_o. Assim, chegamos à conhecida expressão do segundo grau da velocidade para o caso da aceleração constante,

$$v(t) = v_o + a\,t \tag{2.6}$$

Passemos, agora, para a equação diferencial (2.1). Como sabemos que $v(t)$ é dada por (2.6), temos

$$\frac{dx}{dt} = v_o + a\,t \tag{2.7}$$

Ela nos diz que $x(t)$ é algo que derivado em relação a t dá $v_o + a\,t$. Também, pelo que sabemos sobre derivada de potência, diretamente obtemos a solução,

$$x(t) = v_o\,t + \frac{1}{2}\,a\,t^2 + C_2$$

A constante C_2, como vemos, é a posição quando $t = 0$. Chamando-a de x_o, chegamos à outra conhecida expressão do segundo grau,

$$x(t) = x_o + v_o\,t + \frac{1}{2}\,a\,t^2 \tag{2.8}$$

Para concluir, façamos o desenvolvimento a partir da equação diferencial de segunda ordem (2.3) (não esquecendo que $a = $ constante). Basta novamente atentar para o que ela está dizendo. A variável x é algo que derivado duas vezes em relação a t dá $a = $ constante. Assim, x só pode ser

$$x(t) = \frac{1}{2}\,a\,t^2 + C_1\,t + C_2$$

Agora, há duas constantes, pois o termo $C_1\,t$ também desaparece ao ser derivado duas vezes. Podemos perceber que o número de constantes está relacionado à ordem da equação diferencial. Se fosse de terceira ordem a solução teria três constantes, e assim por diante. No caso da solução acima, diretamente vemos que C_2 é $x(0)$. Assim, como já tínhamos feito, $C_2 = x_o$. Também, vemos que C_1 é a velocidade inicial, pois derivando $x(t)$ obtém-se $v(t) = a\,t + C_1$. Chegamos novamente às relações de posição e velocidade para o caso de aceleração constante.

2° exemplo - sem dependência temporal (explícita)

Há outra conhecida relação do segundo grau para o caso de $a = $ constante,

$$v^2 = v_\circ^2 + 2\,a(x - x_\circ) \tag{2.9}$$

que é obtida combinando (2.6) e (2.8) para eliminar o tempo (exercício 1).

Pode-se, também, de maneira mais geral, fazer a eliminação da dependência temporal através das definições de velocidade e aceleração, usando a propriedade da derivada de função de função. Vejamos. Partindo de (2.2), temos

$$\frac{dv}{dt} = a \quad \Rightarrow \quad \frac{dv}{dx}\frac{dx}{dt} = a$$
$$\Rightarrow \quad v\frac{dv}{dx} = a \tag{2.10}$$

Na última passagem foi usada a definição de velocidade.

A relação (2.10) possui validade geral. Vamos usá-la para o caso particular de $a = $ constante. Novamente, pelo que sabemos sobre derivada de função de função, concluímos que a solução é

$$\frac{1}{2}\,v^2 = a\,x + C$$

Diretamente verificada substituindo-a de volta em (2.10). O significado da constante C depende do problema considerado. Se quisermos comparar o resultado acima com (2.9), basta relacioná-la com $x_\circ$ e $v_\circ$,

$$C = \frac{1}{2}\,v_\circ^2 - a\,x_\circ$$

Substituindo-a na relação anterior, obtém-se (2.9).

3° exemplo - movimento com aceleração não constante

Consideremos uma partícula movendo-se ao longo do eixo x com $a = t^2 - 1$ (posição medida em metros e tempo em segundos). Nosso objetivo será obter as características do movimento sabendo que em $t = 0$ ela está em $x = 1$ e com $v = 0$.

Comecemos calculando $v(t)$ com o uso de (2.2),

$$\frac{dv}{dt} = t^2 - 1 \quad \Rightarrow \quad v(t) = \frac{t^3}{3} - t + C_1 \quad \Rightarrow \quad v(t) = \frac{t^3}{3} - t$$

2.1. AS DEFINIÇÕES DE VELOCIDADE E ACELERAÇÃO

Na última passagem, $C_1 = 0$ em virtude da condição $t = 0$, $v = 0$. Com este resultado, o cálculo de $x(t)$ também é feito diretamente. Agora, usando (2.1) e a condição $t = 0$, $x = 1$, temos

$$\frac{dx}{dt} = \frac{t^3}{3} - t \quad \Rightarrow \quad x(t) = \frac{t^4}{12} - \frac{t^2}{2} + C_2 \quad \Rightarrow \quad x(t) = \frac{t^4}{12} - \frac{t^2}{2} + 1$$

Já dispomos de todas as informações para saber como o movimento se processa. Primeiramente, os instantes quando o corpo para ($v = 0$) são,

$$\frac{t^3}{3} - t = 0 \quad \Rightarrow \quad t(t^2 - 3) = 0 \quad \Rightarrow \quad t = 0 \text{ e } t = \pm\sqrt{3}\, s$$

o que ocorre nas posições $x(0) = 1\,m$ e $x(\pm\sqrt{3}\,) = 0,25\,m$. A aceleração é positiva entre $-1 > t > 1$ e negativa entre $-1 < t < 1$ (em $t = \pm 1\,s$ muda de sinal). Vamos supor que o movimento ocorra entre $t = -6\,s$ e $t = 6\,s$.

Então, quando $t = -6\,s$ o corpo está em $x(-6) = 91\,m$ e sua velocidade é $v(-6) = -66\,m/s$. Vai diminuindo (em módulo) até parar em $x = 0,25\,m$ (quando $t \simeq -1,7\,s$). Notamos que é consistente com a aceleração neste trecho, que é positiva (sentido contrário ao da velocidade). Aí, volta (movimento acelerado até $t = -1\,s$ e, depois, retardado) quando para em $x = 1\,m$ (no instante $t = 0$). Volta novamente (sentido negativo e com as mesmas características) e para em $x = 0,25\,m$, quando $t \simeq 1,7\,s$. Depois, volta até $t = 6\,s$, chegando novamente em $x = 91\,m$ com $v = 66\,m/s$. O movimento é semelhante ao da Figura 1.10, apenas mudam os valores. Veja, por favor, a Figura 2.1.

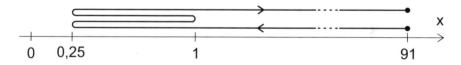

Figura 2.1: Ilustração da trajetória do corpo

Fica como exercício descrever o movimento partindo da equação diferencial (2.3) (exercício 2).

4° exemplo - outro movimento com aceleração não constante

Seja, agora, $a = -4x$ a aceleração da partícula, sabendo que $v = 0$ em $x = 3$ (unidades genéricas). Comecemos, também, com a obtenção da velocidade. Usando (2.2), temos

$$\frac{dv}{dt} = -4x$$

Notamos que, do jeito como está, não parece ser tão direto dizer qual função v cuja derivada em relação a t dá $-4x$. O mais apropriado é usar a propriedade da derivada de função de função para eliminar a dependência temporal do lado esquerdo, como fizemos no segundo exemplo. A solução é obtida diretamente,

$$\frac{dv}{dx}\frac{dx}{dt} = -4\,x \quad \Rightarrow \quad v\,\frac{dv}{dx} = -4\,x \quad \Rightarrow \quad \frac{v^2}{2} = -2\,x^2 + C$$

Usando a condição que $v = 0$ em $x = 3$, obtém-se $C = 18$. Assim,

$$v^2 = 4\left(9 - x^2\right)$$

O movimento ocorre entre $-3 \leq x \leq 3$ (é oscilatório) e a velocidade v pode ser positiva ou negativa. Pelo que aprendemos até agora sobre derivada, não fica tão direta a obtenção de $x(t)$. Este é um tipo interessante de movimento, chamado *oscilador harmônico*. Falaremos um pouco mais sobre ele no final do capítulo, mas a solução $x(t)$ só virá quando estudarmos derivadas de funções trigonométricas (Capítulo 4).

Antes da subseção seguinte, sugiro ao estudante fazer os exercícios 3 - 7.

2.1.2 Equações diferenciais pela segunda lei de Newton

Nesta fase do estudo de Cálculo, é comum o estudante ter sido apresentado às leis de Newton. Estamos interessados na equação diferencial fornecida pela segunda lei,

$$\vec{F} = m\,\vec{a} \tag{2.11}$$

em que $\vec{F}$ é a resultante das forças que atuam sobre o corpo de massa m com aceleração $\vec{a}$. Vetorialmente,[4]

$$\vec{a} = \frac{d\vec{v}}{dt} = \frac{d^2\,\vec{r}}{dt^2} \tag{2.12}$$

Para usá-la, precisamos saber as interações que o corpo está sujeito. No caso desta seção, consideraremos apenas a gravitacional. De maneira geral, a interação gravitacional entre dois corpos de massas M e m está ilustrada na Figura 2.2, em que r é a distância entre eles. As forças são atrativas e possuem módulos iguais (terceira lei de Newton),

$$F = G\,\frac{Mm}{r^2} \tag{2.13}$$

que é a lei da gravitação, também devida a Newton. A quantidade G é a constante gravitacional. Seu valor no Sistema Internacional de unidades (SI) é

$$G = 6,67 \times 10^{-11}\,Nm^2\,kg^{-2} \tag{2.14}$$

Consideraremos o caso de M ser a massa da Terra e $M \gg m$. Assim, praticamente, só o corpo de massa m se move (como aparece na figura). A força que atua em m também costuma ser apresentada por

---

[4] Caso necessário, o Apêndice A, Seção A.1, contém a revisão sobre vetores usada aqui.

2.1. AS DEFINIÇÕES DE VELOCIDADE E ACELERAÇÃO

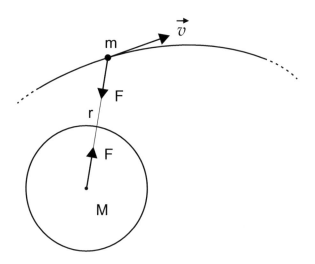

Figura 2.2: Interação gravitacional entre M e m

$$\vec{F} = m\,\vec{g} \qquad (2.15)$$

em que $\vec{g}$ é conhecido como o *campo gravitacional* criado por M na posição onde está m (localizada pelo vetor $\vec{r}$),

$$\vec{g} = -\,G\,\frac{M}{r^2}\,\hat{r} \qquad (2.16)$$

Para movimentos próximos à superfície da Terra, temos o conhecido valor do campo gravitacional (módulo), $g = 9,8\,m/s^2$. É determinado experimentalmente, mas pode ser verificado pela relação (2.16) fazendo $r \simeq R$ (raio da Terra) e usando os valores numéricos de G, M e R (exercício 8).

1° exemplo

Seja um corpo lançado do topo de um edifício de altura h com velocidade inicial de módulo v_o, fazendo um ângulo θ com a horizontal, como mostra a Figura 2.3. Nosso objetivo será obter o alcance A e falar sobre o ângulo θ para que o alcance seja máximo (se foi pensado 45° não é a resposta).

O uso da segunda lei de Newton, relação (2.11), e a da gravitação (também devida a Newton), dada por (2.15), diretamente fornece para um ponto qualquer da trajetória (de acordo com a orientação do eixo y da figura),

$$\vec{a} = -\,g\hat{\jmath}$$

Antes de continuar, acho bastante oportuno fazer um comentário. A Física nos trouxe até aqui, ou seja, identificamos as forças que atuam sobre o corpo para obter a resultante (no caso, era só a gravitacional) e usamos a segunda lei de Newton. Daqui em diante é o desenvolvimento matemático (e a interpretação

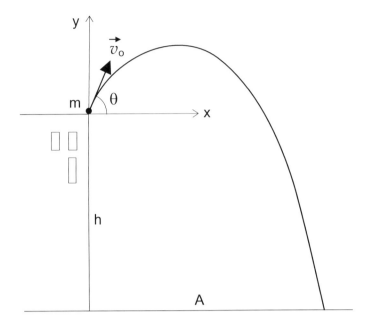

Figura 2.3: Corpo lançado do topo de um prédio

dos resultados que serão obtidos). Quando não se sabe a Matemática, fica aquela quantidade enorme de fórmulas, sem que percebamos onde está a Física e, até mesmo, onde está a Matemática.

Passemos ao desenvolvimento matemático. É parecido com o que foi feito nos exemplos da subseção anterior. Considerando a expressão (2.12) da aceleração e substituindo $\vec{r} = x\hat{\imath} + y\hat{\jmath}$ na relação acima, obtemos duas equações diferenciais,

$$\frac{d^2x}{dt^2} = 0 \quad \text{e} \quad \frac{d^2y}{dt^2} = -g$$

cujas soluções são

$$x = C_1 t + C_2 \quad \text{e} \quad y = -\frac{1}{2} g t^2 + C_3 t + C_4$$

As constantes são fixadas através das condições iniciais. Considerando $t = 0$ o instante que o corpo é lançado, temos $x(0) = 0$, $y(0) = 0$, $v_x(0) = v_\circ \cos\theta$ e $v_y(0) = v_\circ \,\text{sen}\,\theta$. As soluções ficam

$$x = (v_\circ \cos\theta)\, t \quad \text{e} \quad y = (v_\circ \,\text{sen}\,\theta)\, t - \frac{1}{2} g t^2 \qquad (2.17)$$

Para obter o alcance, vemos que $x = A$ quando $y = -h$. Façamos, então, essas substituições em (2.17) e, depois, combinemos os resultados para eliminar o tempo. A expressão do alcance fica (exercício 9)

$$A = \frac{v_\circ^2}{g} \cos\theta \left(\text{sen}\,\theta + \sqrt{\text{sen}^2\,\theta + \frac{2gh}{v_\circ^2}} \right) \qquad (2.18)$$

2.1. AS DEFINIÇÕES DE VELOCIDADE E ACELERAÇÃO

Notamos que depende de θ (como não poderia deixar de ser). Assim, o alcance máximo vem de $dA/d\theta = 0$ (só pode ser máximo, porque o alcance mínimo é zero). Para calculá-lo, precisaríamos saber derivadas de funções trigonométricas. É o que veremos no Capítulo 4. No momento, vou só adiantar o resultado (caso o estudante saiba essas derivadas, nada impede de fazê-lo agora). O alcance é máximo se o seno do ângulo θ for

$$\operatorname{sen}\theta = \frac{\sqrt{2}}{2}\left(1 + \frac{gh}{v_o^2}\right)^{-1/2} \qquad (2.19)$$

Só um comentário para concluir. E o conhecido valor $\theta = 45°$? Notar que isto só acontece quando $h = 0$, o que leva a $\operatorname{sen}\theta = \sqrt{2}/2$. Antes de passar para o próximo exemplo, sugiro fazer o exercício 10.

2° exemplo

Um corpo de massa m é lançado verticalmente da superfície da Terra com velocidade de módulo v_o. Vamos, primeiramente, obter sua velocidade quando estiver a uma distância r do centro da Terra (veja, por favor, a Figura 2.4). Com o uso da segunda lei de Newton e da sua lei da gravitação, temos

$$m\vec{a} = -\frac{GMm}{r^2}\hat{r} \quad \Rightarrow \quad \vec{a} = -\frac{GM}{r^2}\hat{r}$$

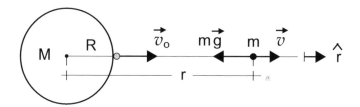

Figura 2.4: Corpo na posição r afastando-se da Terra

De forma semelhante ao que disse no exemplo anterior, a Física forneceu-nos o resultado acima (mostrando também que a velocidade do corpo não depende da sua massa). Daqui para a frente o desenvolvimento é matemático. Não há necessidade da notação vetorial explícita (o movimento ocorre numa dimensão),

$$\frac{dv}{dt} = -\frac{GM}{r^2} \quad \Rightarrow \quad v\frac{dv}{dr} = -\frac{GM}{r^2} \quad \Rightarrow \quad \frac{v^2}{2} = \frac{GM}{r} + C$$

A constante C é obtida com a condição $v = v_o$ quando $r = R$, fornecendo $C = v_o^2/2 - GM/R^2$. Assim,

$$v^2 = v_o^2 + 2GM\left(\frac{1}{r} - \frac{1}{R}\right) \qquad (2.20)$$

A velocidade v pode ser positiva ou negativa (dependendo se o corpo está subindo ou descendo). Vamos usá-la para obter alguns resultados. Por exemplo, qual a altura atingida pelo corpo se $v_o = 10\,000\,km/h$?

Fazendo $r = R + h$ e $v = 0$, temos

$$h = \frac{v_\mathrm{o}^2 R^2}{2\,GM - v_\mathrm{o}^2 R}$$

Usando o valor de G, dado por (2.14), e os da massa e raio da Terra, mencionados no exercício 8, encontraremos $h = 4,18 \times 10^5\,m \simeq 420\,km$. Depois que o corpo atinge este ponto, ele volta. A velocidade em cada ponto possui o mesmo módulo de subida, mas sentido contrário.

Se $v_\mathrm{o} = 20\,000\,km/h$, encontraríamos $h \simeq 2\,100\,km$ (exercício 11).

Para concluir, vejamos quanto à *velocidade de escape* (velocidade mínima para o corpo se libertar da atração gravitacional terrestre). Neste caso, queremos v_o para $v = 0$ e $r \to \infty$. Pela relação (2.20), e usando os dados numéricos acima, encontraremos

$$v_\mathrm{o} = \sqrt{\frac{2\,GM}{R}} = 11,2 \times 10^3\,m/s \simeq 40\,000\,km/h$$

que é, realmente, a velocidade aproximada de uma nave espacial para se libertar do campo gravitacional terrestre. Entretanto, ela não irá até o infinito (mesmo teoricamente), pois $40\,000\,km/h$ não é suficiente para sair do sistema solar. Para que isto aconteça, sua velocidade precisa ser (na posição onde está a Terra) quase quatro vezes maior (exercício 12).

No caso da Lua, cujas massa e o raio são $7,35 \times 10^{22}\,kg$ e $1,74 \times 10^6\,m$, a velocidade de escape da superfície lunar é bem menor (exercício 13),

$$v_\mathrm{o} = 2,4 \times 10^3\,m/s \simeq 8\,500\,km/h$$

Se o estudante já viu filmes do *Projeto Apolo* deve ter notado a facilidade com que os astronautas saíram da Lua comparativamente com a Terra. Os resultados acima explicam isto. Explicam, também, porque a Terra consegue manter uma atmosfera e a Lua não. No caso da Terra, a velocidade (térmica) das moléculas de ar é menor do que $40\,000\,km/h$ e na Lua seria maior que $8\,500\,km/h$.[5]

2.2   Visão mais ampla das equações diferenciais

Neste início, as aplicações que vimos em Física Básica sobre equações diferenciais poderiam ter sido tratadas por meio de integrais (que começaremos a estudar no próximo capítulo). Geralmente, é assim que é feito. Consequentemente, a importância das equações diferenciais não costuma ficar tão visível. O objetivo desta seção é procurar fornecer uma visão mais ampla sobre elas.

---

[5] Caso o estudante tenha interesse, mais exemplos sobre equações diferenciais através da segunda lei de Newton podem ser encontrados nos meus livros **Física Básica para Ciências Exatas**, Volume 1, e **Mecânica Newtoniana, Lagrangiana e Hamiltoniana**, ambos da Editora Livraria da Física.

2.2. VISÃO MAIS AMPLA DAS EQUAÇÕES DIFERENCIAIS

Comecemos voltando ao quarto exemplo da Subseção 2.1.1, movimento com aceleração $a = -4x$. Naquela oportunidade, apenas obtivemos $v(x)$ relacionado à condição de contorno $v = 0$ para $x = 3$ (não especificamos as unidades),

$$v^2 = 4\left(9 - x^2\right)$$

Não tratamos da obtenção de $x(t)$. Poderíamos, fazê-lo a partir da velocidade acima. Sua solução para $v(x)$ não é única. Teríamos de considerar tanto $v = 2\sqrt{9 - x^2}$ como $v = -2\sqrt{9 - x^2}$ (aliás, $v = 0$ também para $x = -3$).

O que normalmente se faz é partir da equação diferencial (2.3). No caso,

$$\frac{d^2x}{dt^2} + 4x = 0 \tag{2.21}$$

Ela nos diz que a função x derivada duas vezes em relação a t deve voltar a x e com o sinal trocado (ajustando-a convenientemente para gerar o fator 4). Não há nenhuma função de potência que forneça tal solução. Veremos no Capítulo 4 que seno e cosseno satisfazem esta condição. Então, x expresso por funções seno e cosseno é solução (voltaremos à descrição deste movimento no Capítulo 4). Para o estudante que saiba essas derivadas, pode verificar que a solução de (2.21), expressa por exemplo em termos da função cosseno, é

$$x(t) = 3\cos\left(2t\right) \tag{2.22}$$

Por ora, apenas mencionemos que aceleração proporcional ao deslocamento e com sinal negativo é característica do oscilador harmônico, cuja visão mais simples é do corpo de massa m sob ação de uma mola (esticada ou comprimida). Entretanto, seu conceito é muito mais amplo. Vários sistemas, para pequenas oscilações, comportam-se como oscilador harmônico (o pêndulo simples é um exemplo). O porquê pode ser visto na expansão em série de potência da função $f(x)$, em torno de $x = 0$, dada por (1.26). Notamos que, depois do primeiro termo (que é constante), o segundo corresponde à força da mola (para $f'(0) < 0$). A interação entre os átomos de uma molécula é, numa primeira aproximação, descrita por oscilador harmônico. Existe o oscilador harmônico quântico. Não é nosso objetivo descrevê-lo aqui, apenas mostrar a equação diferencial a ser resolvida. Esta parte final do capítulo é só ilustrativa.

Após algumas redefinições, chega-se a

$$\frac{d^2\phi}{d\xi^2} - 2\xi\,\frac{d\phi}{d\xi} + \lambda\phi = 0 \tag{2.23}$$

em que ϕ é certa função da variável ξ e λ uma constante. Gostaria apenas enfatizar quanto à questão de se identificar a solução ϕ através da equação acima. Não parece algo simples. Realmente não é. O que inicialmente se faz é supor que ϕ, mesmo sem saber qual seja, tenha expansão em série (parte de um processo de solução de equações diferenciais),

$$\phi(\xi) = \sum_{n=0}^{\infty} a_n \, \xi^n \qquad (2.24)$$

Substituindo-a na relação anterior, os coeficientes a_n vão sendo identificados. No final, resta verificar se a função obtida é convergente (assunto que veremos no Capítulo 5). Não é. A solução só é possível para λ relacionado a números inteiros, cada um correspondendo a certa energia (a energia é quantizada).[6]

Como mencionei no início da seção, as aplicações iniciais em Física Básica podem dar a impressão de que equações diferenciais sempre podem ser substituídas por integrais. Não podem. Por isso fiz questão de acrescentar esta seção. Elas têm seu próprio espaço (como as integrais também têm). Para concluir, vou escrever a forma geral de uma equação diferencial linear de ordem n com o operador diferencial (linear) atuando sobre a função $f(x)$.

$$\frac{d^n f(x)}{dx^n} + \alpha_{n-1}(x)\,\frac{d^{n-1} f(x)}{dx^{n-1}} + \cdots + \alpha_1(x)\,\frac{df(x)}{dx} + \alpha_0(x) = g(x) \quad (2.25)$$

2.3 Exercícios

1 - Obter a relação (2.9) pela combinação de (2.6) e (2.8).

2 - Refazer o terceiro exemplo da Subseção 2.1.1 partindo da equação diferencial (2.3).

3 - A aceleração de uma partícula, movendo-se ao longo do eixo x, é $a = 6t - 15$ (tempo em segundos e posição em metros). Sabe-se que em $t = 0$, ela está em $x = 3\,m$ e sua velocidade vale $18\,m/s$. Obter a posição e velocidade. Descrever as características da trajetória desde $t = -2\,s$ até $t = 5\,s$.

4 - Seja uma partícula movendo-se ao longo do eixo x com aceleração,

$$a = \frac{4}{(t+1)^3} \quad t \geq 0$$

Calcular $v(t)$ e $x(t)$, sabendo que $v(0) = 3\,m/s$ e $x(0) = 5\,m$.

5* - Uma partícula move-se ao longo do eixo x com aceleração $a = -6/x^2$ (tempo em segundos e posição em metros). Obter $v(x)$ sabendo que $v = 0$ em $x = 3\,m$.

6 - Idem, mas agora com as condições $x = 1\,m$, $v = 2\,m/s$. Descreva, também, como ocorre o movimento.

---

[6] Caso o estudante tenha interesse em ver o desenvolvimento do oscilador harmônico quântico, levando à equação diferencial (2.23) e os detalhes de sua solução, consulte, por exemplo, o meu livro **Matemática para Físicos com Aplicações**, Volume 2 - Tratamentos Clássico e Quântico, Editora Livraria da Física.

2.3. EXERCÍCIOS

7* - Novamente uma partícula movendo-se ao longo do eixo x, agora com aceleração $a = -5v$. Sabendo que em $x = 1\,m$, $v = 3\,m/s$. Obter $v(x)$. Considerando que o movimento ocorra a partir da origem, qual a sua velocidade neste ponto e qual a distância percorrida?

8 - Usando o valor de G, dado por (2.14), bem como $M = 5,98 \times 10^{24}\,kg$ e $R = 6,37 \times 10^6\,m$, mostrar que g próximo à superfície da Terra vale $9,8\,m/s^2$.

9 - Substituir x por A e y por $-h$ em (2.17). Depois, combinando-as para eliminar o tempo, obter a relação do alcance, dado por (2.18).

10 - Obter a expressão do alcance para o caso mostrado na Figura 2.5, usando o procedimento do primeiro exemplo da Subseção 2.1.2, ou seja, substituir a resultante (interação gravitacional) na segunda lei de Newton e resolver a equação diferencial obtida. Verificar se corresponde ao caso particular de (2.18), fazendo $h = 0$. Aqui, a condição de alcance máximo ($\theta = 45°$) pode ser obtida diretamente (sem necessidade de recorrer ao uso de derivada).

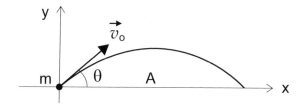

Figura 2.5: Exercício 10

11 - Mostrar que um corpo atinge a altura de $2\,100\,km$ quando lançado perpendicularmente da superfície da Terra com $20\,000\,km/h$.

12 - A massa e o raio do Sol são $M = 2,00 \times 10^{30}\,kg$ e $R = 7,00 \times 10^8\,m$. Mostrar que a velocidade de escape da superfície é $2\,200\,000\,km/h$, e que ela passa a $150\,000\,km/h$ na posição onde está a Terra (150 milhões de quilômetros do Sol).

13 - Usando a massa e o raio da Lua, mencionados no final do segundo exemplo da Subseção 2.1.2, mostrar que a velocidade de escape da sua superfície é $8\,500\,km/h$.

Capítulo 3

Integrais

Para não desviar nossa atenção com surgimento de várias fórmulas, continuaremos com a função de potência. No próximo capítulo, trataremos das funções trigonométricas (tanto derivadas como integrais) e no seguinte, das funções exponenciais e logarítmicas (idem).

3.1 Conceito de integração

Falamos brevemente sobre isto no início do Capítulo 2. Voltemos, agora, com mais detalhes. O conceito de integração nada mais é do que outra forma de ver (e interpretar) o que já sabemos sobre derivadas. Pelos exemplos e aplicações, temos que a derivada de uma função leva, num caso geral, a outra função. Escrevamos isto matematicamente,

$$\frac{dF(x)}{dx} = f(x) \tag{3.1}$$

Apresentemos a relação acima de outra maneira,

$$dF(x) = f(x)\, dx \tag{3.2}$$

Pelo que vimos na Seção 1.2, podemos considerar $dF(x)$ como a variação infinitesimal da função $F(x)$ entre x e $x + dx$,

$$dF(x) = F(x + dx) - F(x) \tag{3.3}$$

em que dx é a quantidade infinitesimal relacionada ao limite $\Delta x \to 0$. Por outro lado, tomando dois pontos quaisquer da variável x, digamos $x = a$ e $x = b$, temos que a variação $\Delta F(x)$ neste intervalo é

$$\Delta F(x) = F(b) - F(a) \tag{3.4}$$

Lembrando que a origem de (3.3) veio de $\Delta F(x) = F(x + \Delta x) - F(x)$ ao fazer $\Delta x \to 0$, podemos interpretar ΔF como a soma das quantidades infinitesimais dF, desde $x = a$ até $x = b$. Fazer esta soma é o que chamamos

59

60   CAPÍTULO 3.   INTEGRAIS

integrar, palavra que também significa *juntar*, *reunir* etc. Assim, quando integramos $dF(x)$ desde $x = a$ até $x = b$, estamos "juntando" todos os pedaços infinitesimais $dF(x)$ para formar $\Delta F(x)$. Em Matemática, há uma notação para representar isto,

$$\int_a^b dF(x) = F(b) - F(a) \tag{3.5}$$

em que $\int$ é o símbolo de integração.

Agora, façamos algo que, em princípio, nada mais é do que uma substituição matemática. Tomemos o dF dado por (3.2) e o substituamos em (3.5),

$$\int_a^b f(x)\, dx = F(b) - F(a) \tag{3.6}$$

Interpretemos o que esta relação está nos dizendo. Se tivermos uma quantidade infinitesimal $f(x)\, dx$ (válida, portanto, no intervalo entre x e $x + dx$), podemos somá-las num certo intervalo finito (no caso, de $x = a$ até $x = b$), apenas conhecendo $F(x)$, ou seja, a função cuja derivada dá $f(x)$.

Integrar é só isto. Tecnicamente, há algumas particularidades que teremos contato no decorrer dos desenvolvimentos. Não falarei sobre elas agora para não sobrecarregar. Em resumo, o processo de integração compreende:

- Identificar o elemento diferencial a ser integrado.

- Prepará-lo de forma que a integração possa ser feita. De maneira geral, ele deve ser do tipo $f(u)\, du$, sendo u uma variável qualquer.

- Resta-nos, então, responder à pergunta, qual função cuja derivada em relação a u dá $f(u)$? Nem sempre a resposta é tão clara. Fazendo uma mudança de variável às vezes é conseguida. Há, também, outras técnicas. Como mencionei, veremos tudo isto (incluindo os capítulos seguintes). Entretanto, mesmo assim, nem sempre a resposta existe (também veremos).

Vamos concluir com algumas observações.

(*i*) A notação $\int f(u)\, du$, sem os limites de integração, apenas significa a pergunta, qual função cuja derivada em relação a u dá $f(u)$? Pelo que foi apresentado acima, a resposta é

$$\int f(u)\, du = F(u) + C \tag{3.7}$$

em que C é uma constante qualquer.

(*ii*) Naturalmente, a constante C não aparece na relação (3.6) porque foi cancelada na substituição dos limites superior e inferior. Explicitamente,

$$\int_a^b f(x)\,dx = \Big(F(x) + C\Big)\Big|_a^b$$
$$= \Big(F(b) + C\Big) - \Big(F(a) + C\Big)$$
$$= F(b) - F(a)$$

Na primeira passagem, a barra vertical à direita, contendo os extremos a e b, é uma notação, significando o valor da função no ponto superior menos o no inferior, como aparece na passagem seguinte.

(iii) A relação (3.5) também pode ser vista como caso particular do processo geral de integração, ou seja, $\int dF$ significa o que derivado em relação a F dá 1. A resposta, naturalmente, é o próprio F como aparece em (3.5).

(iv) Integrar é uma operação linear. Pode ser comprovado diretamente. Vamos supor que o $f(u)$ da relação (3.7) seja $f(u) = C_1\,f_1(u) + C_2\,f_2(u)$. Consequentemente, $F(u) = C_1\,F_1(u) + C_2\,F_2(u) + C$. Assim,

$$\int \Big(C_1\,f_1(u) + C_2\,f_2(u)\Big)\,du = C_1\,F_1(u) + C_2\,F_2(u) + C$$
$$= C_1\int f_1(u)\,du + C_2\int f_2(u)\,du \qquad (3.8)$$

(v) Falemos brevemente das integrais duplas, triplas etc. São generalizações diretas das integrais simples (como já disse, nada têm a ver com equações diferencias de ordem superior). O elemento diferencial de uma integral dupla está relacionado a duas variáveis, digamos, u e v, algo como $f(u,v)\,du\,dv$. O da integral tripla seria $f(u,v,w)\,du\,dv\,dw$, e assim por diante. No final do capítulo estudaremos um pouco essas extensões da integral.

3.2 Integral com função de potência

Como foi mencionado, trataremos neste capítulo apenas da função de potência, ou seja, $f(u) = u^a$ sendo a um número racional. Pelo que sabemos sobre a derivada da função de potência, podemos diretamente escrever

$$\int u^a\,du = \frac{u^{a+1}}{a+1} + C \qquad (3.9)$$

em que $a \neq -1$. A função cuja derivada dá u^{-1} é o logaritmo neperiano de u, $\ln u$ (que estudaremos no Capítulo 5).

Vejamos algumas aplicações. Comecemos com a geometria.

3.2.1 Exemplos de aplicações em geometria

1º exemplo - volume da esfera

Vamos usar o conceito de integração para calcular o volume da esfera. Inicialmente, precisamos identificar o elemento infinitesimal de volume. Aqui, há mais de uma possibilidade. Faremos de três maneiras.

Primeiro, consideremos a esfera de raio R formada por (infinitos) cilindros de altura dy e raio x. A Figura 3.1 mostra a vista frontal do dispositivo. O elemento de volume dV é dado por

$$dV = \pi x^2 \, dy$$

Usamos que a área da base (círculo de raio x) é πx^2. Também pode-se usar integrais para demonstrá-la (depois veremos).

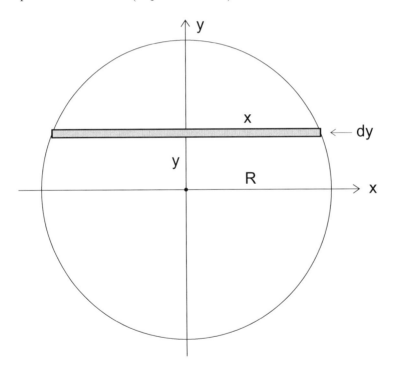

Figura 3.1: Vista frontal da esfera de raio R e do elemento de volume

Temos de prepará-lo para fazer a integração. Escrevamos o lado direito em termos de uma só variável (do jeito que está, não faz sentido perguntar o que derivado em relação a y dá πx^2). Na vista lateral da esfera, apresentada na figura, temos que $x^2 + y^2 = R^2$. Assim, substituindo x^2 por $R^2 - y^2$ na expressão acima, vem

$$dV = \pi \left(R^2 - y^2\right) dy$$

3.2. INTEGRAL COM FUNÇÃO DE POTÊNCIA

Está tudo pronto. Podemos integrar de $y = -R$ até $y = R$ ou, tendo em conta a simetria do problema, de $y = 0$ até $y = R$ e multiplicar o resultado por 2. Fiquemos com o segundo caso,

$$V = 2\pi \int_0^R \left(R^2 - y^2\right) dy = 2\pi \left(R^2 y - \frac{y^3}{3}\right)\Bigg|_0^R$$
$$= 2\pi \left(R^3 - \frac{R^3}{3}\right) = \frac{4}{3}\pi R^3$$

Outra maneira de tomar o elemento de volume é considerar a esfera formada por infinitas cascas de raio r e espessura dr, como aparece no corte mostrado na Figura 3.2. O volume da casca é

$$dV = 4\pi r^2 \, dr$$

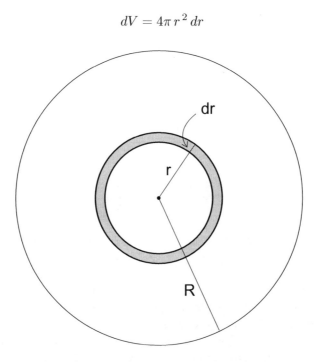

Figura 3.2: Esfera formada por cascas esféricas

em que $4\pi r^2$ é a área da superfície esférica de raio r (pode ser obtida por integração - também veremos). O elemento de volume já está preparado para ser integrado. A integração vai de $r = 0$ até $r = R$,

$$V = 4\pi \int_0^R r^2 \, dr = \frac{4}{3}\pi r^3 \Bigg|_0^R = \frac{4}{3}\pi R^3$$

Na terceira alternativa, usemos como elemento de volume o cone de altura R e base dA (sobre a superfície esférica – veja, por favor, a Figura 3.3). Pela expressão do volume do cone (será o primeiro exercício),

$$dV = \frac{1}{3} R \, dA$$

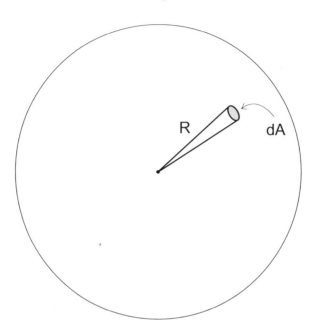

Figura 3.3: Esfera formada por cones de altura R

e usando o que vimos acima sobre a área da esfera, diretamente temos

$$V = \frac{1}{3} R \int_0^{4\pi R^2} dA = \frac{1}{3} RA \bigg|_0^{4\pi R^2} = \frac{4}{3} \pi R^3$$

Comparando todos os processos, notamos que o trabalho algébrico em alguns foi bem menor. Isto às vezes acontece. O uso de certas variáveis pode levar a simplificações significantes. No primeiro caso, usamos coordenadas cartesianas retangulares. Embora o trabalho algébrico não tenha sido tão grande, essas coordenadas podem não ser adequadas a problemas de simetria esférica ou circular. Por exemplo, a equação do círculo de raio R com centro na origem é $x^2 + y^2 = R^2$. Só adiantando, em coordenadas polares (que veremos e usaremos no capítulo seguinte), a equação do mesmo círculo é, simplesmente, $r = R$.

Fica como exercício obter o volume do cone (exercício 1).

2° exemplo - área lateral do cone

Seja o elemento de área infinitesimal na superfície lateral do cone de raio R e geratriz l, como mostra a Figura 3.4. É aproximadamente um triângulo de base ds e altura l. Portanto, sua área dA é

$$dA = \frac{1}{2} l \, ds$$

3.2. INTEGRAL COM FUNÇÃO DE POTÊNCIA

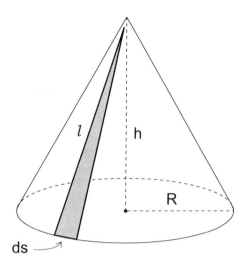

Figura 3.4: Cone de raio R, altura h e geratriz l

Como l é constante em todo o percurso de integração, e o perímetro da base é $2\pi R$, obtemos diretamente a área lateral do cone,

$$A = \pi l R \tag{3.10}$$

Usando o resultado acima, e também o do volume do cone, fica como exercício mostrar que a área lateral e o volume do tronco de cone (geratriz l, altura h e bases com raios R_1 e R_2) são dados por (exercício 2)

$$A = 2\pi l R \tag{3.11}$$

$$V = \frac{1}{3}\pi h \left(R_1^2 + R_2^2 + R_1 R_2 \right) \tag{3.12}$$

Na relação (3.11), R é o raio médio dos raios das bases $R = (R_1 + R_2)/2$.

A obtenção das áreas do círculo (também da elipse) e da esfera ficarão para o próximo capítulo, em virtude de o tratamento completo das integrais envolverem funções trigonométricas.

3° exemplo - um caso geral de área e volume

Seja a função $y = 4 - x^2$ (parábola) para $-2 \leq x \leq 2$ (unidades arbitrárias). O gráfico está na Figura 3.5. Vamos obter a área subentendida pela curva e o eixo x e, também, a área e o volume do sólido de revolução em torno de y.

No caso da área sob a curva, tomemos como elemento diferencial o retângulo mostrado na Figura 3.6 (altura y e largura dx). Nada impediria de ser um retângulo paralelo ao eixo x com altura dy (exercício 3). Assim, temos a expressão do elemento diferencial de área,

$$dA = y\,dx = \left(4 - x^2\right)dx$$

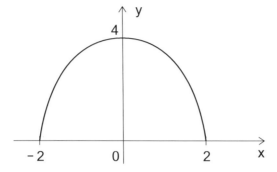

Figura 3.5: Gráfico da função $y = 4 - x^2$

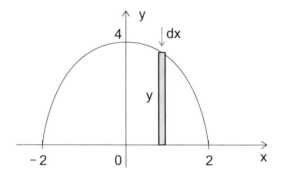

Figura 3.6: Elemento diferencial de área dA

Para obter a área sob a curva devemos fazer a integração de $x = -2$ até $x = 2$. Em virtude da simetria em relação ao eixo y, a integral pode ser feita de $x = 0$ até $x = 2$ e o resultado multiplicado por 2,

$$A = 2 \int_0^2 (4 - x^2)\, dx = 2 \left(4x - \frac{x^3}{3} \right) \bigg|_0^2 = \frac{32}{3} = 10,7$$

Imaginemos, agora, o sólido formado pela curva girando em torno de y. Continuemos com a mesma figura 3.5, mas considerando que seja sua visão frontal. Para calcular o volume, procedamos como na obtenção do volume da esfera (primeira maneira), constituído por (infinitos) cilindros de altura dy e raio x (na visão frontal), como mostra a Figura 3.7. O elemento dV é

$$dV = \pi x^2\, dy$$

Usemos a função da curva para expressar o lado direito em termos de uma só variável. Escolhendo y, temos

$$dV = \pi (4 - y)\, dy$$
$$\Rightarrow \quad V = \pi \int_0^4 (4 - y)\, dy = \pi \left(4y - \frac{y^2}{2} \right) \bigg|_0^4 = 8\pi = 25,1$$

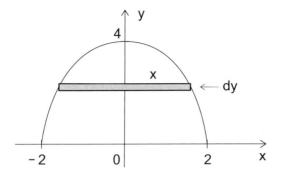

Figura 3.7: Visão frontal do sólido e do elemento de volume

Naturalmente, poderia ter escolhido x,

$$dV = -2\pi x^3\, dx$$
$$\Rightarrow V = -2\pi \int_2^0 x^3\, dx = -\frac{\pi}{2} x^4 \Big|_2^0 = 8\pi = 25,1$$

Finalmente, passemos ao cálculo da área lateral. Usemos como elemento diferencial a área lateral do tronco de cone de geratriz dl (trecho do comprimento da curva) e raio médio x, que está mostrada na Figura 3.8. Pela relação (3.11), dA é dado por

$$dA = 2\pi x\, dl$$

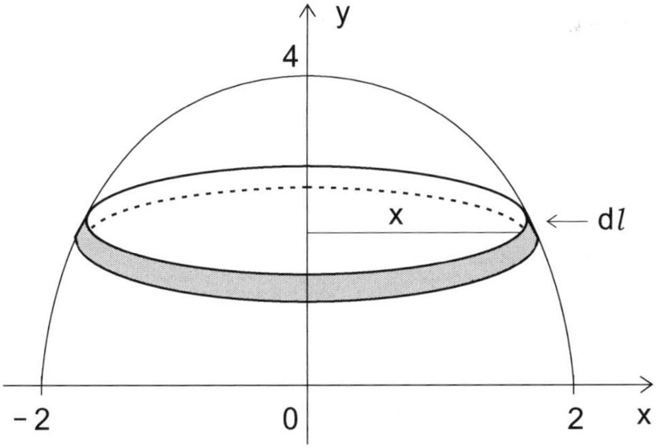

Figura 3.8: Sólido de revolução com o elemento diferencial de área

Aqui pode surgir uma dúvida (bem pertinente) quanto ao elemento de superfície. No cálculo do volume, tomamos como elemento diferencial um cilindro de altura infinitesimal (fizemos isto também na esfera e na solução do exercício 1 para o cone). Agora, para o cálculo da área lateral, estamos partindo do tronco de cone. Por que não poderiam ser fatias cilíndricas, ou troncos de cone, em ambos os casos? Falaremos sobre isto no final.

Continuemos com o tronco de cone. A geratriz dl é um trecho infinitesimal do comprimento da curva. Portanto, é a hipotenusa do triângulo retângulo com catetos dx e dy, como aparece ilustrado na Figura 3.9. Assim,

$$dl = \sqrt{(dx)^2 + (dy)^2} \qquad (3.13)$$

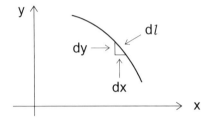

Figura 3.9: Elemento infinitesimal da curva

Usando a equação da curva, temos que $dy = -2x\,dx$. O elemento dl fica

$$dl = \sqrt{1 + 4x^2}\,dx$$

Poderíamos usá-lo para calcular o comprimento de qualquer trecho da parábola. Entretanto, a integração com o elemento diferencial acima precisaria do conhecimento de outras funções. Veremos no Capítulo 5 como fazê-la.[1] Voltando ao nosso problema, temos o elemento de área,

$$dA = 2\pi x \sqrt{1 + 4x^2}\,dx$$

A área lateral do sólido de revolução é obtida fazendo a integração considerando o raio (no caso x) variando de $x = 0$ até $x = 2$,

$$\begin{aligned}
A &= 2\pi \int_0^2 x\left(1 + 4x^2\right)^{1/2} dx \\
&= 2\pi \, \frac{1}{8} \, \frac{\left(1 + 4x^2\right)^{3/2}}{3/2} \bigg|_0^2 \\
&= \frac{\pi}{6}\left[\left(1 + 16\right)^{3/2} - 1\right] \simeq 11,5\,\pi \simeq 36,2
\end{aligned}$$

Na segunda passagem, a expressão multiplicada por 2π é a função cuja derivada dá $x\left(1 + 4x^2\right)^{1/2}$. O fator $1/8$ é para cancelar o 8 que vai ser gerado

---

[1] Apenas adiantemos a expressão da integral correspondente,

$$\int \sqrt{1 + u^2}\,du = \frac{1}{2} u \sqrt{1 + u^2} + \frac{1}{2} \ln\left(u + \sqrt{1 + u^2}\right) + C$$

3.2. INTEGRAL COM FUNÇÃO DE POTÊNCIA

na derivação de $4\,x^2$, e o $3/2$ do denominador é para cancelar o $3/2$ da derivada de $(1+4\,x^2)^{3/2}$. Poderíamos ter procedido mais formalmente, fazendo associação com a integral (3.9). Teríamos, então,

$$u = 1 + 4\,x^2 \quad \Rightarrow \quad du = 8\,x\,dx$$

Assim,

$$\int x\left(1+4\,x^2\right)^{1/2} dx \;=\; \frac{1}{8}\int u^{1/2}\,du \;=\; \frac{1}{8}\,\frac{u^{3/2}}{3/2} + C$$

Substituindo u por $1+4\,x^2$ temos o resultado da integral.

Para concluir, voltemos ao que disse acima quanto ao uso de tronco de cone ou cilindro como elementos diferenciais. Na verdade, a aproximação mais precisa é começar com troncos de cone em ambos os casos (como foi feito com a área lateral). Entretanto, no cálculo do volume também fizemos, mas de forma indireta. Podemos verificar isto observando a expressão do volume do tronco de cone, dada por (3.12). Tomando $h \to dh$, temos que os raios R_1 e R_2 ficam aproximadamente iguais ao raio médio R, e a expressão do volume do tronco de cone transforma-se em

$$dV = \frac{1}{3}\,\pi\,dh\left(R^2 + R^2 + R^2\right) = \pi R^2 dh$$

que é a área do cilindro de raio R e altura dh.

Deixaremos para o capítulo seguinte a obtenção do perímetro do círculo. Precisaríamos ir além da função de potência para fazer o tratamento de maneira geral. Completaremos a subseção obtendo o comprimento de uma curva de forma ilustrativa.

4° exemplo - comprimento de uma curva

Vamos calcular o comprimento da curva $y = x^{3/2}$ desde $x = 0$ até $x = 1$ (para valores negativos de x a função não existe no campo real). Como sempre, precisamos identificar o elemento diferencial a ser integrado. Considerando a relação (3.13), temos

$$dl = \sqrt{1 + \frac{9}{4}\,x}\;\,dx \quad \leftarrow \quad \frac{dy}{dx} = \frac{3}{2}\,x^{1/2}$$

E o comprimento da curva é obtido diretamente,

$$l = \int_0^1 \left(1 + \frac{9}{4}\,x\right)^{1/2} dx = \frac{4}{9}\,\frac{\left(1 + \dfrac{9}{4}\,x\right)^{3/2}}{\dfrac{3}{2}}\Bigg|_0^1$$

$$= \frac{8}{27}\left[\left(1 + \frac{9}{4}\right)^{3/2} - 1\right] = 1,44$$

70   CAPÍTULO 3. INTEGRAIS

Também poderíamos ter procedido de maneira formal, fazendo associação com a integral (3.9). Sugiro que o estudante faça isto caso tenha dúvida quanto ao procedimento acima. Antes de passar para a subseção seguinte, sugiro fazer os exercícios 4 e 5 e, para adquirir familiaridade com a resolução de integrais, resolver as que estão no exercício 6.

3.2.2 Exemplos de aplicação em em Física Básica

Começaremos com alguns já estudados no capítulo anterior, cujo desenvolvimento foi feito através de equações diferenciais e que poderiam ter sido tratados por integrais.

1° exemplo - movimento com aceleração constante

Conforme mencionei na primeira seção do capítulo anterior, as familiares relações do segundo grau, referentes ao movimento com aceleração constante,

$$v\left(t\right) = v_{o} + a\,t$$
$$x\left(t\right) = x_{o} + v_{o}\,t + \frac{1}{2}\,a\,t^{2}$$

poderiam ter sido obtidas com o uso de integrais. Façamos isto agora. Da definição de aceleração, dada por (2.2), obtém-se o elemento diferencial,

$$dv = a\,dt \tag{3.14}$$

que, como foi dito, vale mesmo quando a aceleração não é constante. No caso de ser constante, a integração fica

$$\int_{v_{o}}^{v\left(t\right)} dv = a \int_{0}^{t} dt$$

No lado esquerdo, a integração na velocidade vai de v_{o} a $v\left(t\right)$, correspondendo, respectivamente, aos limites 0 e t da integração temporal do lado direito. Integrando os dois lados, temos

$$v\,\bigg|_{v_{o}}^{v\left(t\right)} = a\,t\,\bigg|_{0}^{t} \quad \Rightarrow \quad v\left(t\right) - v_{o} = a\left(t - 0\right) \quad \Rightarrow \quad v\left(t\right) = v_{o} + a\,t$$

Partindo, agora, da definição de velocidade, relação (2.1), obtém-se o elemento diferencial,

$$dx = v\,dt \tag{3.15}$$

Substituindo v pelo resultado anterior e fazendo a integração em ambos os lados, obteremos $x\left(t\right)$,

3.2. INTEGRAL COM FUNÇÃO DE POTÊNCIA

$$\int_{x_o}^{x(t)} dx = \int_0^t \left(v_o + a\,t \right) dt$$

$$\Rightarrow \quad x(t) - x_o = \left(v_o\,t - a\,\frac{t^2}{2} \right) \Big|_0^t$$

$$\Rightarrow \quad x(t) = x_o + v_o\,t + \frac{1}{2}\,a\,t^2$$

Repetindo o que disse no capítulo anterior, este resultado não poderia ser obtido por integral partindo da equação diferencial de segunda ordem (2.3).

Para concluir, vamos usar o elemento diferencial sem dependência temporal,

$$a = \frac{dv}{dt} = \frac{dv}{dx}\,\frac{dx}{dt} = v\,\frac{dv}{dx} \quad \Rightarrow \quad v\,dv = a\,dx$$

Integrando ambos os lados (a constante), temos

$$\int_{v_o}^{v} v\,dv = a \int_{x_o}^{x} dx$$

$$\Rightarrow \quad \frac{v^2}{2} \Big|_{v_o}^{v} = a\,x \Big|_{x_o}^{x}$$

$$\Rightarrow \quad v^2 = v_o^2 + 2\,a\,\left(x - x_o \right)$$

Sugiro ao estudante refazer o terceiro e quarto exemplos da Subseção 2.1.1, em que a aceleração não é constante, usando integrais (exercícios 7 e 8). Também, fazer os exercícios 9 e 10 antes do próximo exemplo.

2° exemplo - velocidade de escape

Falamos sobre este assunto no capítulo anterior, segundo exemplo da Subseção 2.1.2. Vejamos como fica o tratamento por meio de integrais. Seja o caso geral da interação entre um corpo de massa m e um planeta (ou estrela, satélite etc.) de massa M. O elemento diferencial vem da segunda lei de Newton e da força de interação entre m e M (também devida a Newton). Relembrando, seu módulo é dado por

$$F = G\,\frac{Mm}{r^2} \tag{3.16}$$

A Figura 3.10 mostra o dispositivo da interação entre m e M. Há uma força atuando em cada corpo (mesmo módulo e sentidos contrários - terceira lei de Newton). Consideraremos $M \gg m$. Assim, o corpo de massa M praticamente não se move. Pelo sentido do unitário $\hat{r}$, a força sobre m é

$$\vec{F} = -\,G\,\frac{Mm}{r^2}\,\hat{r} \tag{3.17}$$

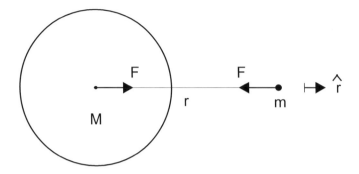

Figura 3.10: Corpo de massa m em interação com um planeta de massa M

Como é a resultante, podemos substituí-la na segunda lei de Newton,

$$m\vec{a} = -G\frac{Mm}{r^2}\hat{r} \quad \Rightarrow \quad \vec{a} = -G\frac{M}{r^2}\hat{r}$$

É esta a relação que fornecerá o elemento diferencial. Daqui em diante, o tratamento é só através da matemática (usando os dados que estamos interessados). Como nosso objetivo é a obtenção da velocidade de escape, o movimento de m será sempre numa dimensão. Assim, não há necessidade da notação vetorial explícita. Temos, então,

$$a = -G\frac{M}{r^2} \quad \Rightarrow \quad \frac{dv}{dr}\frac{dr}{dt} = -G\frac{M}{r^2} \quad \Rightarrow \quad v\,dv = -G\frac{M}{r^2}\,dr$$

que é o elemento diferencial a ser usado. Na segunda passagem, foi feita a eliminação do tempo, usando a propriedade da derivada de função (algo já feito em várias oportunidades).

Só um detalhe antes de continuar. A relação (3.16), correspondente à lei da gravitação de Newton, é para duas massas pontuais. A distribuição esférica de massa se comporta, para pontos externos, como massa pontual localizada na origem. Isto é verificado com o uso de integrais (falaremos mais adiante).

Voltemos ao elemento diferencial. Consideremos que o corpo de massa m esteja inicialmente na superfície do planeta de raio R (posição $r = R$). Queremos saber qual deve ser a velocidade mínima neste ponto para que consiga se livrar da atração gravitacional criada por M. Assim,

$$\int_V^0 v\,dv = -GM\int_R^\infty \frac{dr}{r^2}$$

$$\Rightarrow \quad \frac{v^2}{2}\bigg|_V^0 = \frac{GM}{r}\bigg|_R^\infty$$

$$\Rightarrow \quad \frac{V^2}{2} = \frac{GM}{R} \quad \Rightarrow \quad V = \sqrt{\frac{2\,GM}{R}}$$

3.2. INTEGRAL COM FUNÇÃO DE POTÊNCIA

3° exemplo - campo gravitacional criado por um anel

Vamos calcular o campo gravitacional criado por um anel de raio R e massa M (distribuída uniformemente ao longo do seu comprimento) sobre o eixo de simetria. Depois, através de exercícios, usaremos o resultado para calcular o campo gravitacional criado pelo disco e, também, da esfera. Aí, poderemos verificar o que foi dito acima, sobre o campo da esfera se comportar como o criado por uma massa pontual localizada no centro.

A Figura 3.11 mostra $d\vec{g}$ no ponto P (coordenada z do eixo de simetria) criado pelo elemento de massa dM. Usando a relação (2.16), temos

$$|d\vec{g}| = G\frac{dM}{R^2 + z^2}$$

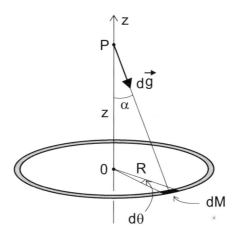

Figura 3.11: Campo $d\vec{g}$ criado pelo elemento de massa dM

Notamos que a componente $|d\vec{g}|\operatorname{sen}\alpha$ não contribuirá no cálculo de $\vec{g}$, pois para cada elemento de massa dM há um simétrico no lado oposto do anel. Só haverá contribuição da componente ao longo do eixo (e o sentido de $\vec{g}$ será voltado para a origem),

$$|d\vec{g}|\cos\alpha = G\frac{dM}{R^2+z^2}\frac{z}{\sqrt{R^2+z^2}} = \frac{Gz\,dM}{\left(R^2+z^2\right)^{3/2}}$$

Como z é constante em todo o percurso de integração, o campo gravitacional é diretamente obtido,[2]

$$\vec{g} = -\hat{k}\frac{Gz}{\left(R^2+z^2\right)^{3/2}}\int_0^M dM = -\frac{GMz}{\left(R^2+z^2\right)^{3/2}}\hat{k} \qquad (3.18)$$

---

[2] O cálculo de $\vec{g}$ fora do eixo de simetria é um problema bem mais complexo. Envolveria integrais que só podem ser resolvidas por métodos numéricos.

74   CAPÍTULO 3. INTEGRAIS

Por consistência, verifica-se que para pontos muito distantes do anel, o resultado acima tende ao campo gravitacional de uma massa pontual. De fato, para $z \gg R$ podemos desprezar R^2 perante z^2 no denominador, o que leva a

$$\vec{g} = -\frac{GM}{z^2}\,\hat{k}$$

De forma ilustrativa, calculemos a velocidade de escape deste sistema. Para o campo gravitacional dado por (3.18), temos que o elemento diferencial fica

$$v\,dv = -\frac{GMz}{\left(R^2 + z^2\right)^{3/2}}\,dz$$

Consideremos o corpo inicialmente na origem do eixo de simetria,

$$\int_V^0 v\,dv = -GM \int_0^\infty \frac{z\,dz}{\left(R^2 + z^2\right)^{3/2}}$$

$$\Rightarrow \quad \frac{v^2}{2}\bigg|_V^0 = \frac{GM}{\sqrt{R^2 + z^2}}\bigg|_0^\infty$$

$$\Rightarrow \quad \frac{V^2}{2} = \frac{GM}{R} \quad \Rightarrow \quad V = \sqrt{\frac{2\,GM}{R}}$$

A relação é semelhante à obtida no caso da esfera, mas os papeis desempenhados por M e raio R são bem diferentes.

Fica como exercício, usando (3.18), obter o campo gravitacional criado pelo disco de massa M e raio R sobre pontos do eixo de simetria (exercício 11). Depois, usá-lo para calcular o campo gravitacional da esfera (exercício 12). Sugiro, também, fazer o exercício 13 antes da seção seguinte.

3.3   Um pouco mais sobre integrais

Às vezes, na resolução de certas integrais, uma mudança de variável (como foi feita, por exemplo, no item l do exercício 6), ou da aparência da função, pode tornar a resolução mais simples (ou até mesmo possível). Existe um procedimento de mudar a aparência do integrando que é através do uso do operador d que está no elemento diferencial (atua da mesma forma do operador derivada). É o que veremos na subseção seguinte.

3.3.1   Sobre um processo de integração

Vamos supor que sabemos a função $F(x)$ cuja derivada dá $f(x)$, mas que $f(x)$ não apareça isoladamente no integrando. Consideremos que apareça multiplicada por outra função, $g(x)$,

$$\int g(x)\,f(x)\,dx$$

3.3. UM POUCO MAIS SOBRE INTEGRAIS

e que não sabemos resolvê-la. Façamos a seguinte transformação no integrando para colocá-lo com outra forma. Primeiro, temos que $f(x)\,dx = dF(x)$. Assim, o integrando fica $g(x)\,dF(x)$ ou, simplesmente, $g\,dF$. Usando a propriedade da derivada do produto, podemos transformá-lo como

$$g\,dF = d\,(gF) - F\,dg \tag{3.19}$$

Com isto, a integral passa a

$$\int g(x)\,f(x)\,dx = \int d\left(g(x)\,F(x)\right) - \int F(x)\,dg(x)$$
$$= g(x)\,F(x) - \int F(x)\,dg(x)$$

em que uma parte da integral foi feita (só não coloquei a constante). Se souber-mos a integração da outra parte o problema está resolvido. Naturalmente, todo o desenvolvimento acima, partindo de $f(x)\,dx = dF(x)$, poderia ter iniciando com $g(x)\,dx = dG(x)$ (sendo G a função cuja derivada dá g). Este processo costuma receber um nome, é justamente *integração por partes*.

Vejamos um exemplo simples. Seja a integral,

$$\int x\,\sqrt{x+1}\;dx$$

Não parece tão direto dizer a função cuja derivada dá $x\,\sqrt{x+1}$. Usemos o procedimento acima

$$\int x\,\sqrt{x+1}\;dx = \frac{2}{3}\int x\,d\left[\,(x+1)^{3/2}\,\right]$$
$$= \frac{2}{3}\int d\left[\,x\,(x+1)^{3/2}\,\right] - \frac{2}{3}\int (x+1)^{3/2}\,dx$$
$$= \frac{2}{3}\,x\,(x+1)^{3/2} - \frac{4}{15}\,(x+1)^{5/2} + C$$
$$= \frac{2}{15}\,(x+1)^{3/2}\,(3\,x - 2) + C$$

Esta é a função cuja derivada dá $x\,\sqrt{x+1}$. Realmente, não seria tão simples escrevê-la diretamente. Vamos completar com duas observações.

(i) O que fizemos foi apenas um procedimento para conseguir a resolução da integral (muito usado nas demonstrações com funções trigonométricas, ex-ponencial e logarítmica). Não significa que seja o único. No caso da integral acima, poderíamos conseguir a solução facilmente através de uma mudança de variável. Por exemplo, fazendo $x + 1 = u$ (exercício 14).

(ii) Com o intuito de ilustrar o processo um pouco mais, vamos usá-lo no elemento diferencial $u^a\,du$, correspondente à integral da função de potência,

$$u^a \, du = d\left(u^a \, u\right) - u \, du^a$$
$$= d \, u^{a+1} - a \, u \, u^{a-1} \, du$$
$$= d \, u^{a+1} - a \, u^a \, du$$
$$\Rightarrow \quad u^a \, du + a \, u^a \, du = d \, u^{a+1}$$
$$\Rightarrow \quad u^a \, du = \frac{1}{a+1} \, d \, u^{a+1}$$

Assim, chega-se à relação (3.9),

$$\int u^a \, du = \frac{1}{a+1} \int d \, u^{a+1} = \frac{u^{a+1}}{a+1} + C$$

Antes de passar para a subseção seguinte, sugiro ao estudante fazer as integrais do exercício 15 usando integração por partes. Se achar interessante, resolver por outro processo qualquer.

3.3.2 Funções simétricas e antissimétricas

Pode ser de grande utilidade o reconhecimento dessas funções nos processos de integração. São caracterizadas por

$$f(x) = f(-x) \qquad \text{simétrica} \tag{3.20}$$
$$f(x) = -f(-x) \qquad \text{antissimétrica} \tag{3.21}$$

No caso de funções simétricas, considerando o intervalo de integração de $x = -a$ até $x = a$, temos

$$\int_{-a}^{+a} f(x) \, dx = 2 \int_{0}^{a} f(x) \, dx \tag{3.22}$$

Aliás, usamos esta propriedade em integrações no primeiro e terceiro exemplos da Subseção 3.2.1. E para o caso de funções antissimétricas, com o mesmo intervalo de integração, simplesmente temos

$$\int_{-a}^{+a} f(x) \, dx = 0 \tag{3.23}$$

Tanto (3.22) como (3.23) são resultados diretamente decorrentes da natureza das funções. Poderiam ser demonstrados mais criteriosamente usando as propriedades (3.20) e (3.21), respectivamente (exercício 16). Sugiro, também, antes de passar para a subseção seguinte, fazer as integrais do exercício 17. Em alguns casos, tratam-se de funções simétricas e antissimétricas (seu reconhecimento pode facilitar o desenvolvimento).

3.4 Integrais duplas, triplas etc.

As integrais que estamos estudando, relacionadas por exemplo à função $f(x)$, partem do elemento diferencial $f(x)\,dx$. Dentro do contexto das integrais múltiplas são chamadas *integrais simples*. As *integrais duplas, triplas* etc, como já foi mencionado, são generalizações diretas. Apoiam-se em elementos diferenciais do tipo $f(x,y)\,dx\,dy$, $f(x,y,z)\,dx\,dy\,dz$ etc. No caso da integral simples, com o elemento diferencial $f(x)\,dx$, a integração é feita sobre pontos da linha x. Para as integrais duplas, através de $f(x,y)\,dx\,dy$, os pontos estão sobre o plano xy, e assim por diante. A Figura 3.12 mostra, comparativamente, o funcionamento das integrais simples e duplas (as demais são generalizações diretas).

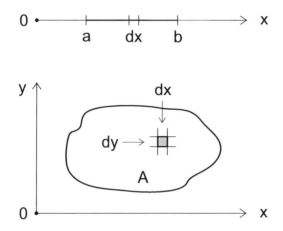

Figura 3.12: Comparação entre integrais simples e duplas

No caso da integral simples $f(x)\,dx$, ela vai de $x = a$ até $x = b$ (apoiada sobre o eixo x). Para as duplas, a integração de $f(x,y)\,dx\,dy$ apoia-se sobre pontos de certa área. Quando fazemos a integração em x, por exemplo, a quantidade y permanece constante (como aparece ilustrado na Figura 3.13), e vice-versa.

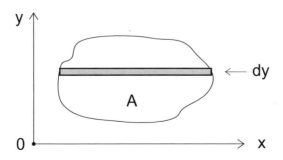

Figura 3.13: Integração na coordenada x

3.4.1 Alguns exemplos

Para ver como isto funciona, sejam alguns exemplos.

1° exemplo

Consideremos a integral dupla, relacionada ao elemento diferencial $x^2 y\, dx\, dy$, sobre os pontos do retângulo limitado por $x = 0$, $x = 2$, $y = 1$ e $y = 4$,

$$\int_1^4 \int_0^2 x^2 y\, dx\, dy$$

Há uma convenção para associar os limites às variáveis de integração. A integral interna relaciona-se à primeira variável do elemento diferencial (no caso x) e, assim, sucessivamente (como foi feito acima). Seguindo de forma bem gradativa, obtemos a solução da integral,

$$\int_1^4 \int_0^2 x^2 y\, dx\, dy = \int_1^4 \left(\int_0^2 x^2\, dx \right) y\, dy$$
$$= \int_1^4 \left. \frac{x^3}{3} \right|_0^2 \right) y\, dy$$
$$= \frac{8}{3} \int_1^4 y\, dy = \left. \frac{4}{3} y^2 \right|_1^4 = 20$$

Naturalmente, poderíamos ter procedido de forma mais direta,

$$\int_1^4 \int_0^2 x^2 y\, dx\, dy = \int_0^2 x^2\, dx \int_1^4 y\, dy = \left. \frac{x^3}{3} \right|_0^2 \left. \frac{y^2}{2} \right|_1^4 = 20$$

2° exemplo

Tomemos o mesmo elemento diferencial mas integrando sobre a região do semicírculo de raio 1 centrado na origem, mostrada na Figura 3.14. Podemos começar integrando em x (para um y qualquer), indo de $-\sqrt{1 - y^2}$ até $+\sqrt{1 - y^2}$. O resultado é algo semelhante ao da Figura 3.13). Depois, integramos em y, de 0 a 1. Alternativamente, pode-se começar com y (para um x qualquer), indo de 0 a $\sqrt{1 - x^2}$ e, depois, em x, de -1 até -1. Faremos as duas alternativas.

Comecemos com a integração em x. A integral a ser resolvida é

$$\int_0^1 \int_{-\sqrt{1 - y^2}}^{+\sqrt{1 - y^2}} x^2 y\, dx\, dy$$

Notamos que os limites estão de acordo com a convenção relacionada à ordem de integração. Agora, não podemos proceder de forma direta como no exemplo anterior, pois a integração em y vai depender do resultado da integração em x,

3.4. INTEGRAIS DUPLAS, TRIPLAS ETC.

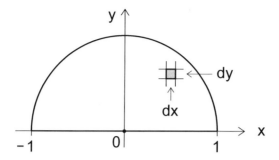

Figura 3.14: Outra região de integração

$$\int_0^1 \int_{-\sqrt{1-y^2}}^{+\sqrt{1-y^2}} x^2 y\, dx\, dy = \frac{2}{3} \int_0^1 x^3 \Big|_0^{\sqrt{1-y^2}} y\, dy$$

$$= \frac{2}{3} \int_0^1 (1-y^2)^{3/2} y\, dy$$

$$= -\frac{2}{15}(1-y^2)^{5/2}\Big|_0^1 = \frac{2}{15}$$

Começando com y, a forma da integral a ser resolvida agora é

$$\int_{-1}^{+1} \int_0^{\sqrt{1-x^2}} x^2 y\, dy\, dx$$

Observar que mudou-se a posição do elemento infinitesimal dy para corresponder à primeira integral a ser feita. Temos, então,

$$\int_{-1}^{+1} \int_0^{\sqrt{1-x^2}} x^2 y\, dy\, dx = \frac{1}{2}\int_{-1}^{+1} x^2 y^2 \Big|_0^{\sqrt{1-x^2}} dx$$

$$= \int_0^1 x^2 (1-x^2)\, dx = \frac{2}{15}$$

No segundo caso, o trabalho algébrico foi (um pouco) menor. Às vezes depende da ordem de integração escolhida.

3º exemplo

Consideremos, agora, as seguintes integrais triplas relacionadas ao elemento diferencial $x\, y^3 z^2\, dx\, dy\, dz$, em que os limites de integração correspondem às respectivas regiões volumétricas,

a) $\displaystyle\int_0^1 \int_0^{z^2} \int_1^z x\,y^3 z^2\,dy\,dx\,dz$

b) $\displaystyle\int_0^1 \int_0^{z^2} \int_1^z x\,y^3 z^2\,dy\,dx\,dz$

c) $\displaystyle\int_0^1 \int_0^2 \int_1^2 x\,y^3 z^2\,dy\,dx\,dz$

A ordem das integrações está especificada na posição dos elementos infinitesimais dx, dy e dz. Como vemos, primeiro é em y, depois em x e, por último, em z. Comecemos, então, com a resolução da primeira integral (seguindo bem gradativamente),

$$
\begin{aligned}
\int_0^1 \int_0^{z^2} \int_1^z x\,y^3 z^2\,dy\,dx\,dz
&= \frac{1}{4}\int_0^1 \int_0^{z^2} y^4\Big|_1^x x\,z^2\,dx\,dz \\
&= \frac{1}{4}\int_0^1 \int_0^{z^2} \left(x^4-1\right)x\,z^2\,dx\,dz \\
&= \frac{1}{4}\int_0^1 \left(\frac{x^6}{6}-\frac{x^2}{2}\right)\Big|_0^{z^2} z^2\,dz \\
&= \frac{1}{8}\int_0^1 \left(\frac{z^{12}}{3}-z^4\right)z^2\,dz \\
&= \frac{1}{8}\left(\frac{z^{15}}{45}-\frac{z^7}{7}\right)\Big|_0^1 \\
&= \frac{1}{8}\left(\frac{1}{45}-\frac{1}{7}\right) = -\frac{19}{1260}
\end{aligned}
$$

Na segunda integral os limites das integrações em y e x dependem da mesma variável. Assim, nada impede que sejam feitas simultaneamente,

$$
\begin{aligned}
\int_0^1 \int_0^{z^2} \int_1^z x\,y^3 z^2\,dy\,dx\,dz
&= \frac{1}{8}\int_0^1 x^2\Big|_0^{z^2} y^4\Big|_1^z z^2\,dz \\
&= \frac{1}{8}\int_0^1 z^4\left(z^4-1\right)z^2\,dz \\
&= \frac{1}{8}\left(\frac{z^{11}}{11}-\frac{z^7}{7}\right)\Big|_0^1 \\
&= \frac{1}{8}\left(\frac{1}{11}-\frac{1}{7}\right) = -\frac{1}{154}
\end{aligned}
$$

Na última, como os limites não dependem das variáveis, as integrações podem ser feitas ao mesmo tempo,

3.5. EXERCÍCIOS

$$\int_0^1 \int_0^2 \int_1^2 x\,y^3 z^2 \, dy\,dx\,dz \;=\; \frac{1}{24}\, y^4\Big|_1^2 \, x^2\Big|_0^2 \, z^3\Big|_0^1$$

$$= \frac{1}{24}\,(16-1)\,4 \;=\; \frac{5}{2}$$

Sugiro ao estudante resolver as integrais do exercício 18.

4º exemplo

Poderíamos calcular áreas e volumes de figuras geométricas partindo diretamente de $dx\,dy$ e $dx\,dy\,dz$ como elementos diferenciais. De forma ilustrativa, relembremos o caso da área subentendida pela curva $y = 4 - x^2$ e o eixo x, mostrada na Figura 3.5 (calculada por integração simples no terceiro exemplo da Subseção 3.2.1). Usando integrais duplas, temos duas possibilidades,

$$A = \int_0^4 \int_{-\sqrt{4-y}}^{+\sqrt{4-y}} dx\,dy$$

$$A = \int_{-2}^{+2} \int_0^{4-x^2} dy\,dx$$

A primeira corresponde à integração começando por x e a segunda, por y. Fica como exercício resolvê-las (exercício 19).

3.5 Exercícios

1* - Usando integrais, obter o volume do cone, altura h e base de raio R.

2* - Usando o volume do cone (exercício anterior) e a sua área lateral, relação (3.10), obter o volume e a área lateral do tronco de cone (geratriz l, altura h e raios das bases R_1 e R_2).

3 - Obter a área sob a curva da Figura 3.5, usando como elemento de área um retângulo paralelo ao eixo x com altura dy.

4* - Calcular a área limitada pelo eixo y e pelas curvas mostradas na Figura 3.15 (unidades arbitrárias).

5 - A base de um lago de profundidade $2,0\,m$ é do tipo mostrado na Figura 3.16, em que a curva 1 possui equação $y = x^2$ e a curva 2, $y = 4/(x+1)^2$ (as medidas também são em metros). Obter o volume do lago.

6 - Resolver as integrais (usando o processo que achar mais conveniente).

a) $\displaystyle\int \left(3x^2 + 5x \right) dx$

b) $\displaystyle\int \left(2x + 3 \right)^2 dx$

c) $\displaystyle\int \left(2x + 3 \right)^{10} dx$

d*) $\displaystyle\int \sqrt{a^2 + b^2 x^2}\; x\,dx$

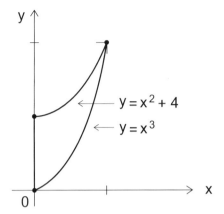

Figura 3.15: Exercício 4

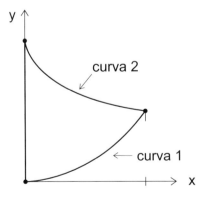

Figura 3.16: Exercício 5

3.5. EXERCÍCIOS

e) $\int \dfrac{4\,x^2 - 3\,\sqrt{x}}{x}\,dx$

f) $\int \dfrac{dy}{\sqrt{a - b\,y}}$

g) $\int t\,\sqrt{2\,t^2 + 3}\;dt$

h) $\int \dfrac{4\,x^2\,dx}{\sqrt{x^3 + 8}}$

i) $\int \dfrac{2\,x - 1}{\sqrt{2 + x - x^2}}\,dx$

j) $\int \dfrac{x^3 + 1}{x^2}\,dx$

k) $\int t^{1/3}\left(1 + t^{4/3}\right)^{-7} dt$

l*) $\int \dfrac{\sqrt{1 + \sqrt{x}}}{\sqrt{x}}\,dx$

m) $\int \dfrac{dr}{\sqrt[3]{(7 - 5\,r)^2}}\,dr$

n) $\int \dfrac{y\,dy}{\sqrt{25 - 4\,y^2}}\,dy$

o) $\int \dfrac{dt}{t\,\sqrt{2\,t}}$

p) $\int \left(x^2 - \sqrt{x}\,\right) dx$

7 - Refazer o terceiro exemplo da Subseção 2.1.1, usando integrais. É um movimento sobre o eixo x com aceleração $a = t^2 - 1$, cujo objetivo é obter $v(t)$ e $x(t)$, considerando $v = 0$ e $x = 1$ em $t = 0$.

8 - Idem para o quarto exemplo, movimento também sobre o eixo x com aceleração $a = -4\,x$, sabendo que $v = 0$ em $x = 3$. O objetivo é obter $v(x)$.

9 - Em cada item abaixo, a é a aceleração de uma partícula movendo-se sobre o eixo x. Calcular $v(t)$ e $x(t)$ considerando que em $t = 0$, $v = 2$ e $x = 1$.

a) $a = 5$ b) $a = t$ c) $a = t^2$ d) $a = \sqrt[3]{2\,t + 1}$

e) $a = (2\,t + 1)^{-3}$

10 - Idem para as acelerações abaixo e as condições iniciais correspondentes.

a) $a = -\sqrt{v}$ em $t = 0$, $v = 0$ e $x = 5$

b) $a = -3\,v^3$ em $t = 0$, $v = 1$ e $x = 2$

11* - Partindo do campo gravitacional do anel, relação (3.18), mostrar que o criado pelo disco de massa M e raio R, para pontos do eixo de simetria z, é

$$\vec{g} = -\frac{2\,GM}{R^2}\left(1 - \frac{z}{\sqrt{z^2 + R^2}}\right)\hat{k}$$

Verificar a sua compatibilidade com o campo da massa pontual para $z \gg R$. Obter, também, a velocidade de escape.

12* - Usando o resultado anterior, obter o campo gravitacional criado pela esfera de massa M e raio R, para $r > R$, considerando-a formada pela superposição de discos. Observar que é o mesmo do criado por uma pontual localizada na origem.

13* - Calcular a força sobre o vidro de uma aquário, devido à pressão exercida pela água. Considere que a água esteja com $70\,cm$ de profundidade e o vidro tenha $1,0\,m$ de largura. Lembrando algumas informações. A pressão de uma coluna líquida é dada por $p = p_o + \rho g y$ em que p_o é a pressão atmosférica (que

84   *CAPÍTULO 3. INTEGRAIS*

não precisará ser considerada pois está nos dois lados do vidro), ρ é a densidade da água (aproximadamente 1000 kg/m^3) e y é a profundidade, medida a partir da superfície.

14* - Resolver a integral apresentada como exemplo na Subseção 3.3.1 iniciando com a substituição $x + 1 = u$.

15 - Resolver as integrais usando o processo de *integração por partes* (se achar interessante, fazer a resolução por outro processo qualquer).

$$\text{a*)} \int x^2 \sqrt{x+1}\, dx \qquad\qquad \text{b*)} \int x^3 \sqrt{x^2+1}\, dx$$

$$\text{c)} \int x \sqrt[3]{x+1}\, dx \qquad\qquad \text{d)} \int \frac{x^3\, dx}{\sqrt{x^2+1}}$$

$$\text{e)} \int \frac{x\, dx}{\sqrt{a+bx}} \qquad\qquad \text{f)} \int x\,(x+b)^a\, dx$$

$$\text{g)} \int x^2\,(x+b)^a\, dx \qquad\qquad \text{h)} \int x^3\,(x^2+b)^a\, dx$$

16* - Partindo das definições (3.20) e (3.21), referentes a funções simétrica e antissimétrica, demonstrar (3.22) e (3.23).

17 - Resolver as integrais. Algumas são de funções simétricas ou antissimétricas. Seu reconhecimento pode facilitar o desenvolvimento.

$$\text{a)} \int_0^2 \left(a^2 x - x^3 \right) dx \qquad\qquad \text{b)} \int_{-2}^{+2} \left(a^2 x - x^3 \right) dx$$

$$\text{c)} \int_{-5}^{+5} x^7 \sqrt{x^2+8}\, dx \qquad\qquad \text{d)} \int_{-1}^{+1} x^2 \left(x^2 + 1 \right)^2 dx$$

$$\text{e)} \int_{-3}^{+3} \frac{x\, dx}{\sqrt{x^2+16}} \qquad\qquad \text{f)} \int_0^3 \frac{x\, dx}{\sqrt{x^2+16}}$$

$$\text{g)} \int_{-2}^{+3} \frac{x\, dx}{\sqrt{x^2+16}} \qquad\qquad \text{h)} \int_1^5 \frac{dx}{\sqrt{2x-1}}$$

$$\text{i)} \int_1^5 \frac{x\, dx}{\sqrt{2x-1}} \qquad\qquad \text{j)} \int_{-1}^{+1} \frac{x\, dx}{\sqrt{2x^2-1}}$$

$$\text{k)} \int_1^{10} \frac{dx}{\sqrt{x+15}} \qquad\qquad \text{l)} \int_{-10}^{+10} \frac{dx}{\sqrt{x+15}}$$

18 - Resolver as integrais duplas e triplas.

$$\text{a)} \int_0^1 \int_0^2 (x+2)\, dy\, dx \qquad\qquad \text{b)} \int_0^4 \int_0^x y\, dy\, dx$$

$$\text{c)} \int_0^{-1} \int_{y+1}^{2y} xy\, dx\, dy \qquad\qquad \text{d)} \int_1^2 \int_y^{y^2} (x+2y)\, dx\, dy$$

$$\text{e)} \int_0^2 \int_0^x \left(x^2 + y^2 \right) dy\, dx \qquad\qquad \text{f)} \int_0^1 \int_0^{\sqrt{1+y^2}} y\, dx\, dy$$

3.5. EXERCÍCIOS

g) $\displaystyle\int_0^2 \int_1^{\sqrt{z}} \int_0^y \sqrt{\frac{y}{x}}\, z\, dx\, dy\, dz$ h) $\displaystyle\int_0^1 \int_0^z \int_0^{z^2} \sqrt{\frac{y}{x}}\, dx\, dy\, dz$

19 - Obter a área subentendida pela curva $y = 4 - x^2$ e o eixo x, mostrada na Figura 3.5 (que já foi calculada por integração simples no terceiro exemplo da Subseção 3.2.1), através das integrais duplas,

$$A = \int_0^4 \int_{-\sqrt{4-y}}^{+\sqrt{4-y}} dx\, dy$$

$$A = \int_{-2}^{+2} \int_0^{4-x^2} dy\, dx$$

Capítulo 4

Funções trigonométricas

Neste capítulo estudaremos derivadas, equações diferenciais e integrais envolvendo funções trigonométricas. Comecemos revisando suas propriedades.

4.1 Revisão das funções trigonométricas

4.1.1 Iniciando com o triângulo retângulo

Relembremos as quantidades seno (sen), cosseno (cos), tangente (tan), cotangente (cot), secante (sec) e cossecante (csc) considerando o triângulo retângulo mostrado na Figura 4.1,

$$\operatorname{sen}\theta = \frac{b}{a} \tag{4.1}$$

$$\cos\theta = \frac{c}{a} \tag{4.2}$$

$$\tan\theta = \frac{\operatorname{sen}\theta}{\cos\theta} = \frac{b}{c} \tag{4.3}$$

$$\cot\theta = \frac{\cos\theta}{\operatorname{sen}\theta} = \frac{c}{b} \tag{4.4}$$

$$\sec\theta = \frac{1}{\cos\theta} = \frac{a}{c} \tag{4.5}$$

$$\csc\theta = \frac{1}{\operatorname{sen}\theta} = \frac{a}{b} \tag{4.6}$$

Sejam as observações (algumas bem conhecidas) :

(i) Vemos que os valores máximos do seno e cosseno são 1. Por outro lado, esses são os mínimos da secante e cossecante. Já a tangente e a cotangente podem adquirir qualquer valor.

(ii) Através do teorema de Pitágoras, $a^2 = b^2 + c^2$ (demonstrações estão no Apêndice B), obtemos uma das mais conhecidas relações trigonométricas,

CAPÍTULO 4. FUNÇÕES TRIGONOMÉTRICAS

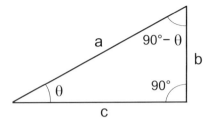

Figura 4.1: Triângulo retângulo com hipotenusa a e catetos b e c

$$b^2 + c^2 = a^2$$
$$\Rightarrow \frac{b^2}{a^2} + \frac{c^2}{a^2} = 1$$
$$\Rightarrow \operatorname{sen}^2\theta + \cos^2\theta = 1 \qquad (4.7)$$

Na última passagem, foram usadas as definições de seno e cosseno, relações (4.1) e (4.2), respectivamente.

(*iii*) Também, pelo triângulo da Figura 4.1, vemos diretamente que

$$\operatorname{sen}(90° - \theta) = \frac{c}{a} = \cos\theta \qquad (4.8)$$

$$\cos(90° - \theta) = \frac{b}{a} = \operatorname{sen}\theta \qquad (4.9)$$

$$\tan(90° - \theta) = \frac{c}{b} = \cot\theta \qquad (4.10)$$

$$\sec(90° - \theta) = \frac{a}{b} = \csc\theta \qquad (4.11)$$

(*iv*) Estamos utilizando graus para expressar os ângulos (como já fizemos em exemplos e exercícios). Usam-se também radianos. Relembremos sua definição (será usada para obtenção da derivada do seno). É a razão entre o comprimento do arco e o raio (veja, por favor, a Figura 4.2),

$$\theta = \frac{l}{R} \qquad (4.12)$$

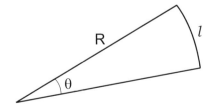

Figura 4.2: O arco s é subentendido pelo ângulo θ.

4.1. REVISÃO DAS FUNÇÕES TRIGONOMÉTRICAS

O relacionamento entre graus e radianos é facilmente obtido. Por exemplo, 90° correspondem a 1/4 do comprimento da circunferência. Assim, o ângulo em radianos equivalente a 90° é

$$\theta = \frac{1/4 \times 2\pi R}{R} = \frac{\pi}{2}$$

Outros exemplos são

$$30° \leftrightarrow \frac{\pi}{6}$$
$$45° \leftrightarrow \frac{\pi}{4}$$
$$60° \leftrightarrow \frac{\pi}{3}$$

As grandezas trigonométricas, definidas através do triângulo retângulo, ficam restritas a ângulos menores ou, no máximo, iguais a 90° e são todas positivas. Podemos expressá-las para ângulos de qualquer valor. Só a partir daí é que são realmente consideradas funções. Veremos isto na subseção seguinte.

4.1.2 Seno, cosseno, tangente etc. como funções

Seja certo ponto P do plano xy, como mostra a Figura 4.3. Usando diretamente as definições de seno e cosseno, dadas por (4.1) e (4.2), podemos escrever

$$\text{sen}\,\theta = \frac{y}{\sqrt{x^2 + y^2}}$$
$$\cos\theta = \frac{x}{\sqrt{x^2 + y^2}} \qquad (4.13)$$

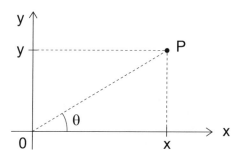

Figura 4.3: Ponto P no plano xy

Fiquemos só com seno e cosseno porque, como vimos, tangente, cotangente, secante e cossecante podem ser expressas por meio deles.

Por semelhança de triângulos, o valor de $\text{sen}\,\theta$ e $\cos\theta$ não dependem da distância $\overline{OP}$ (desde que não seja zero). É usual tomar $\overline{OP} = 1$, pois as funções (4.13) ficam mais simples e convenientemente escritas como

$$y = \operatorname{sen}\theta$$
$$x = \cos\theta \tag{4.14}$$

Através destas relações (poderia também ser das anteriores) e observando a Figura 4.3, temos que seno e cosseno não ficam mais restritos a ângulos menores ou iguais a 90°. Vemos que para $90^\circ < \theta < 180^\circ$, $\operatorname{sen}\theta > 0$ e $\cos\theta < 0$. Para $180^\circ < \theta < 270^\circ$, ambos são negativos; para $270^\circ < \theta < 360^\circ$, $\operatorname{sen}\theta < 0$ e $\cos\theta > 0$. Também vê-se que

$$\operatorname{sen}(-\theta) = -\operatorname{sen}\theta$$
$$\cos(-\theta) = \cos\theta \tag{4.15}$$

Outras relações podem ser obtidas com a ajuda da Figura 4.3. Citemos algumas,

$$\operatorname{sen}(180^\circ - \alpha) = \operatorname{sen}\alpha$$
$$\operatorname{sen}(90^\circ + \alpha) = \cos\alpha$$
$$\cos(180^\circ - \alpha) = -\cos\alpha$$
$$\cos(90^\circ + \alpha) = -\operatorname{sen}\alpha$$
$$\text{etc.} \tag{4.16}$$

4.1.3 Relações envolvendo funções trigonométricas

Para um triângulo qualquer de lados a, b e c, com α, β e γ os ângulos respectivamente opostos a eles, temos (deduzidas no Apêndice A, Subseção A.2.1, com o uso de vetores)

$$\frac{a}{\operatorname{sen}\alpha} = \frac{b}{\operatorname{sen}\beta} = \frac{c}{\operatorname{sen}\gamma} \tag{4.17}$$

$$a^2 = b^2 + c^2 - 2\,bc\,\cos\alpha$$
$$b^2 = a^2 + c^2 - 2\,ac\,\cos\beta$$
$$c^2 = a^2 + b^2 - 2\,ab\,\cos\gamma \tag{4.18}$$

O conjunto (4.17) corresponde à chamada *lei dos senos*; e o (4.18), *lei dos cossenos*. Na mesma Subseção A.2.1, também foram deduzidas

$$\operatorname{sen}(\alpha + \beta) = \operatorname{sen}\alpha\,\cos\beta + \operatorname{sen}\beta\,\cos\alpha$$
$$\cos(\alpha + \beta) = \cos\alpha\,\cos\beta - \operatorname{sen}\alpha\,\operatorname{sen}\beta \tag{4.19}$$

De (4.19), temos os casos particulares, quando $\alpha = \beta$,

$$\operatorname{sen}2\alpha = 2\,\operatorname{sen}\alpha\,\cos\alpha$$
$$\cos 2\alpha = \cos^2\alpha - \operatorname{sen}^2\alpha \tag{4.20}$$

4.1. REVISÃO DAS FUNÇÕES TRIGONOMÉTRICAS

Para concluir, façamos a substituição $\alpha + \beta = \theta$ e $\alpha - \beta = \phi$ [que acarreta $\alpha = (\theta + \phi)/2$ e $\beta = (\theta - \phi)/2$] em cada relação (4.19). Depois, somando e subtraindo os resultados, obtêm-se (exercício 1)

$$\operatorname{sen}\theta + \operatorname{sen}\phi = 2\operatorname{sen}\frac{\theta+\phi}{2}\cos\frac{\theta-\phi}{2}$$
$$\operatorname{sen}\theta - \operatorname{sen}\phi = 2\operatorname{sen}\frac{\theta-\phi}{2}\cos\frac{\theta+\phi}{2}$$
$$\cos\theta + \cos\phi = 2\cos\frac{\theta+\phi}{2}\cos\frac{\theta-\phi}{2}$$
$$\cos\theta - \cos\phi = -2\operatorname{sen}\frac{\theta+\phi}{2}\operatorname{sen}\frac{\theta-\phi}{2} \qquad (4.21)$$

4.1.4 Alguns valores particulares do seno e cosseno

Pelo triângulo retângulo da Figura 4.1, temos diretamente que

$$\operatorname{sen}0° = \cos 90° = 0$$
$$\operatorname{sen}90° = \cos 0° = 1 \qquad (4.22)$$

Outros valores particulares são

$$\operatorname{sen}45° = \cos 45° = \frac{\sqrt{2}}{2} \qquad (4.23)$$

$$\operatorname{sen}30° = \cos 60° = \frac{1}{2} \qquad (4.24)$$

$$\operatorname{sen}60° = \cos 30° = \frac{\sqrt{3}}{2} \qquad (4.25)$$

que também podem ser obtidos através do triângulo retângulo. Para o primeiro caso, quando o ângulo é $45°$, os catetos b e c da Figura 4.1 são iguais (o triângulo retângulo é isósceles). Assim, fazendo $b = c$ no teorema de Pitágoras,

$$2b^2 = 2c^2 = a^2 \quad \Rightarrow \quad \frac{b}{a} = \frac{c}{a} = \frac{1}{\sqrt{2}} \quad \Rightarrow \quad \operatorname{sen}45° = \cos 45° = \frac{\sqrt{2}}{2}$$

Para os casos com ângulos de $30°$ e $60°$ veja, por favor, as marcações que foram feitas no triângulo retângulo, Figura 4.4. A linha pontilhada $\overline{CD}$ foi traçada fazendo um ângulo de $60°$ com o cateto b. Assim, o triângulo BCD ficou equilátero (com todos os lados iguais a b). Por outro lado, o triângulo ACD ficou isósceles e a hipotenusa igual a $2b$. O seno de $30°$ é, então, diretamente obtido,

$$\operatorname{sen}30° = \frac{b}{2b} = \frac{1}{2}$$

e o cosseno de $30°$, de acordo com o teorema de Pitágoras, também,

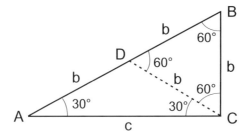

Figura 4.4: Triângulo retângulo com ângulos de $30°$ e $60°$

$$b^2 + c^2 = a^2 \quad \Rightarrow \quad c^2 = a^2 - \frac{1}{4}a^2 \quad \Rightarrow \quad \frac{c}{a} = \cos 30° = \frac{\sqrt{3}}{2}$$

O seno e o cosseno de $60°$ são obtidos da mesma maneira, considerando o ângulo da hipotenusa com o cateto b. Vamos concluir fazendo algumas observações.

(i) Podemos também obter os valores de seno e cosseno de $45°$ partindo do conhecimento de que $\operatorname{sen} 90° = 1$, $\cos 90° = 0$ e usando as relações (4.20),

$$1 = 2 \operatorname{sen} 45° \cos 45°$$
$$0 = \cos^2 45° - \operatorname{sen}^2 45°$$

Combinando-as, diretamente obtém-se que

$$\operatorname{sen}^2 45° = \cos^2 45° = \frac{1}{2} \quad \Rightarrow \quad \operatorname{sen} 45° = \cos 45° = \frac{\sqrt{2}}{2}$$

(ii) No caso de $\operatorname{sen} 30°$ a partir do $\operatorname{sen} 90°$ precisaríamos de uma expressão que relacionasse $\operatorname{sen}(3\alpha)$ com $\operatorname{sen} \alpha$. Vamos deduzi-la,

$$\begin{aligned}
\operatorname{sen} 3\alpha &= \operatorname{sen}(2\alpha + \alpha) \\
&= \operatorname{sen} 2\alpha \cos \alpha + \operatorname{sen} \alpha \cos 2\alpha \\
&= 2 \operatorname{sen} \alpha \cos^2 \alpha + \operatorname{sen} \alpha \left(\cos^2 \alpha - \operatorname{sen}^2 \alpha\right) \\
&= 3 \operatorname{sen} \alpha - 4 \operatorname{sen}^3 \alpha
\end{aligned} \quad (4.26)$$

Usando-a para $\alpha = 30°$, vem

$$4 \operatorname{sen}^3 30° - 3 \operatorname{sen} 30° + 1 = 0$$

que é uma equação do terceiro grau.[1] Não há necessidade de muito trabalho. Sua forma é bem simples. Obtém-se (mesmo que não soubéssemos a solução), após algumas (poucas) tentativas, que $\operatorname{sen} 30° = 1/2$.

---

[1] A forma geral de uma equação do terceiro grau é $x^3 + a x^2 + c x + d = 0$. Existe uma fórmula para resolvê-la (muito mais complexa que a do segundo grau). Existe, também, um processo, que é mais simples do que usar a fórmula (mesmo assim muito trabalhoso). O primeiro passo é justamente a eliminação do termo em x^2. Assim, a equação acima já é uma fase intermediária do processo de resolução. Caso o estudante tenha interesse, veja, por exemplo, o meu livro **Pensando com a Matemática**, Capítulo 4, Editora Livraria da Física.

4.2. DERIVADA DE FUNÇÕES TRIGONOMÉTRICAS

(*iii*) Com esses valores conhecidos de seno e cosseno, poderíamos, usando algumas das relações trigonométricas, obter seno e cosseno de outros ângulos. Por exemplo,

$$
\begin{aligned}
\operatorname{sen} 15^\circ &= \operatorname{sen}\left(60^\circ - 45^\circ\right) \\
&= \operatorname{sen} 60^\circ \cos 45^\circ - \operatorname{sen} 45^\circ \cos 60^\circ \\
&= \frac{\sqrt{3}}{2}\frac{\sqrt{2}}{2} - \frac{\sqrt{2}}{2}\frac{1}{2} \\
&= \frac{\sqrt{2}}{4}\left(\sqrt{3} - 1\right)
\end{aligned}
$$

(*iv*) A dúvida natural que pode surgir é como são obtidos seno, cosseno etc. para qualquer ângulo. Por exemplo, como se chegou à conclusão de que $\operatorname{sen} 40^\circ = 0,642787609\ldots$? A resposta está no que vimos no Capítulo 1, Seção 1.4, referente à expansão em série de potências. No caso do seno, adiantemos que esta expansão é (veremos após a dedução da derivada da função seno)

$$
\operatorname{sen}\theta = \theta - \frac{\theta^3}{3!} + \frac{\theta^5}{5!} - \frac{\theta^7}{7!} + \cdots
$$

em que θ é o valor do ângulo em radianos. Fica como exercício, usando a expansão acima, após transformar 40° em radianos, fazer a verificação de que $\operatorname{sen} 40^\circ = 0,6428$ (quatro algarismos significativos) (exercício 2).

4.2 Derivada de funções trigonométricas

Basta saber a derivada de uma das funções trigonométricas. As outras podem ser deduzidas através dela. Vamos, então, obter a derivada de $\operatorname{sen}\theta$. Para tal, como fizemos várias vezes no Capítulo 1, partimos diretamente da definição de derivada, relação (1.7),

$$
\begin{aligned}
\frac{d}{d\theta}\operatorname{sen}\theta &= \lim_{\Delta\theta \to 0} \frac{\operatorname{sen}\left(\theta + \Delta\theta\right) - \operatorname{sen}\theta}{\Delta\theta} \\
&= \lim_{\Delta\theta \to 0} \frac{\operatorname{sen}\theta\,\cos\Delta\theta + \operatorname{sen}\Delta\theta\,\cos\theta - \operatorname{sen}\theta}{\Delta\theta} \\
&= \cos\theta \lim_{\Delta\theta \to 0} \frac{\operatorname{sen}\Delta\theta}{\Delta\theta}
\end{aligned}
\tag{4.27}
$$

Na passagem para a segunda linha, usou-se a primeira relação (4.19) para reescrever $\operatorname{sen}\left(\theta + \Delta\theta\right)$; e na passagem para a terceira, que $\lim_{\Delta\theta \to 0}\cos\Delta\theta = 1$.

Resta-nos calcular o limite de $\operatorname{sen}\Delta\theta/\Delta\theta$ quando $\Delta\theta \to 0$. Como vemos, está oculto pelo símbolo de indeterminação $0/0$. Não há dificuldade para obtê-lo, basta usar a definição de radianos, relação (4.12), referente à Figura 4.2.

Vamos refazê-la, incluindo o seno do ângulo (Figura 4.5). Podemos notar que ao tomar $\theta \to 0$ o arco l tende a h. Assim,

$$\lim_{\theta \to 0} \frac{\operatorname{sen}\theta}{\theta} = \lim_{l \to 0} \frac{h/R}{l/R} = \lim_{l \to 0} \frac{h}{l} = 1 \qquad (4.28)$$

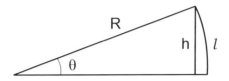

Figura 4.5: Arco e seno relativos a θ

Substituindo este resultado na relação anterior, obtemos a derivada do seno,

$$\frac{d}{d\theta}\operatorname{sen}\theta = \cos\theta \qquad (4.29)$$

Esta é a segunda relação de derivada a que fomos apresentados (a primeira foi a função de potência). Com ela podemos obter as derivadas de todas as outras funções trigonométricas, incluindo as funções inversas (arco seno, arco cosseno etc.). São várias. Não é necessário sabê-las de cor. Com o uso, naturalmente saberemos algumas, bem como as de integrais correspondentes. Vamos continuar com a linha que temos seguido, dando prioridade ao raciocínio (e a beleza) do desenvolvimento.[2]

Passemos à obtenção das derivadas das outras funções trigonométricas, bem como das inversas. Antes disso, lembremos que todas as propriedades das derivadas, vistas no Capítulo 1, Subseção 1.2.3 (derivada da função de função, do produto, do quociente e operação linear), são válidas aqui também.

4.2.1 Derivada das demais funções trigonométricas

Comecemos com a do cosseno. Sabendo a do seno, basta usar qualquer relação que contenha seno e cosseno. Usemos a primeira que vimos, relação (4.7),

$$\operatorname{sen}^2\theta + \cos^2\theta = 1 \;\Rightarrow\; \frac{d}{d\theta}\operatorname{sen}^2\theta + \frac{d}{d\theta}\cos^2\theta = 0$$

$$\Rightarrow\; 2\operatorname{sen}\theta \frac{d}{d\theta}\operatorname{sen}\theta + 2\cos\theta \frac{d}{d\theta}\cos\theta = 0$$

$$\Rightarrow\; \operatorname{sen}\theta \cos\theta + \cos\theta \frac{d}{d\theta}\cos\theta = 0$$

$$\Rightarrow\; \frac{d}{d\theta}\cos\theta = -\operatorname{sen}\theta \qquad (4.30)$$

---

[2] Confesso que não sei todas as fórmulas de derivadas e integrais de cor. Como mencionei, com o uso acabo sabendo algumas (por algum tempo). Agora, dificilmente esqueço o raciocínio de um desenvolvimento. É apenas um ponto de vista.

4.2. DERIVADA DE FUNÇÕES TRIGONOMÉTRICAS

Da primeira para a segunda linha, usamos a propriedade da derivada de função de função. Poderíamos ter partido de qualquer outra relação envolvendo seno e cosseno (exercício 3).

As demais derivadas das funções trigonométricas são (exercício 4),

$$\frac{d}{d\theta}\tan\theta = \sec^2\theta \tag{4.31}$$

$$\frac{d}{d\theta}\cot\theta = -\csc^2\theta \tag{4.32}$$

$$\frac{d}{d\theta}\sec\theta = \sec\theta\tan\theta \tag{4.33}$$

$$\frac{d}{d\theta}\csc\theta = -\csc\theta\cot\theta \tag{4.34}$$

4.2.2 Derivada das funções trigonométricas inversas

Comecemos com a correspondente ao seno. Seja $x = \operatorname{sen}\theta$, uma função de θ através do seno. Consequentemente, θ é também função de x. É a função inversa correspondente, denotada por $\theta = \operatorname{arc\,sen} x$ (arco cujo seno vale x). Vejamos quando à sua derivada, $d\theta/dx$. É obtida da própria derivada do seno,

$$x = \operatorname{sen}\theta \quad \Rightarrow \quad \frac{dx}{d\theta} = \cos\theta$$

$$\Rightarrow \quad \frac{d\theta}{dx} = \frac{1}{\cos\theta} = \frac{1}{\sqrt{1 - \operatorname{sen}^2\theta}}$$

$$\Rightarrow \quad \frac{d}{dx}\operatorname{arc\,sen} x = \frac{1}{\sqrt{1 - x^2}} \tag{4.35}$$

Poderíamos, também, obtê-la partindo de $x = \operatorname{sen}\theta$ e derivando ambos os lados em relação a x (usando o conceito de função de função)

$$\frac{d}{dx}x = \frac{d}{dx}\operatorname{sen}\theta \quad \Rightarrow \quad 1 = \cos\theta\,\frac{d\theta}{dx}$$

$$\Rightarrow \quad \frac{d\theta}{dx} = \frac{1}{\cos\theta} = \frac{1}{\sqrt{1 - x^2}}$$

As derivadas das outras funções inversas são (exercício 5)

$$\frac{d}{dx}\operatorname{arc\,cos} x = -\frac{1}{\sqrt{1 - x^2}} \tag{4.36}$$

$$\frac{d}{dx}\operatorname{arc\,tan} x = \frac{1}{1 + x^2} \tag{4.37}$$

$$\frac{d}{dx}\operatorname{arc\,cot} x = -\frac{1}{1 + x^2} \tag{4.38}$$

$$\frac{d}{dx}\operatorname{arc\,sec} x = \frac{1}{x\sqrt{x^2 - 1}} \tag{4.39}$$

$$\frac{d}{dx}\operatorname{arc\,csc} x = -\frac{1}{x\sqrt{x^2 - 1}} \tag{4.40}$$

96   *CAPÍTULO 4. FUNÇÕES TRIGONOMÉTRICAS*

Para ganhar familiaridade com derivadas de funções trigonométricas (caso necessário), sugiro ao estudante fazer os exercícios 6 - 8.

4.2.3 Exemplos

Veremos três. O primeiro refere-se ao alcance máximo do corpo lançado do topo de um prédio de altura h, com velocidade de módulo v_o e fazendo ângulo θ com a horizontal. A parte inicial foi tratada no Capítulo 2, Subseção 2.1.2 (os dados estão na Figura 2.3). O segundo é sobre velocidade e aceleração em coordenadas polares. O último refere-se ao Princípio de Fermat (já veremos do que se trata).

1° exemplo - Voltando à Subseção 2.1.2

Como vimos, o alcance atingido pelo corpo, a partir da base do prédio, é

$$A = \frac{v_\mathrm{o}^2}{g} \cos\theta \left(\operatorname{sen}\theta + \sqrt{\operatorname{sen}^2\theta + \frac{2gh}{v_\mathrm{o}^2}} \right)$$

Nosso objetivo, agora, é calcular o ângulo θ que corresponde ao alcance máximo. Para tal, precisamos derivar a expressão acima e igualar a zero. Não há dúvidas de que o resultado corresponderá a máximo pois o alcance mínimo é zero (ocorre para $\theta = 90°$). Assim (vamos fazer $2gh/v_\mathrm{o}^2 = k$ para simplificar um pouco a notação),

$$-\operatorname{sen}\theta \left(\operatorname{sen}\theta + \sqrt{\operatorname{sen}^2\theta + k} \right) + \cos\theta \left(\cos\theta + \frac{\operatorname{sen}\theta \cos\theta}{\sqrt{\operatorname{sen}^2\theta + k}} \right) = 0$$

$$\Rightarrow \quad -\operatorname{sen}\theta \left(\operatorname{sen}\theta + \sqrt{\operatorname{sen}^2\theta + k} \right) + \cos^2\theta \left(1 + \frac{\operatorname{sen}\theta}{\sqrt{\operatorname{sen}^2\theta + k}} \right) = 0$$

$$\Rightarrow \quad \left(\operatorname{sen}\theta + \sqrt{\operatorname{sen}^2\theta + k} \right) \left(\cos^2\theta - \operatorname{sen}\theta \sqrt{\operatorname{sen}^2\theta + k} \right) = 0$$

O primeiro fator não pode ser zero porque, pela natureza do problema, $\operatorname{sen}\theta$ é positivo. Então, é o segundo que deve se anular,

$$\cos^2\theta - \operatorname{sen}\theta \sqrt{\operatorname{sen}^2\theta + k} = 0$$

$$\Rightarrow \quad \left(1 - \operatorname{sen}^2\theta \right)^2 = \operatorname{sen}^2\theta \left(\operatorname{sen}^2\theta + k \right)$$

$$\Rightarrow \quad \operatorname{sen}\theta = \frac{\sqrt{2}}{2} \left(1 + \frac{gh}{v_\mathrm{o}^2} \right)^{-1/2}$$

Notar que $\operatorname{sen}\theta$ só é igual a $\sqrt{2}/2$ (que corresponde ao conhecido resultado $\theta = 45°$) se $h = 0$. Por exemplo, se $h = 30\,m$ e $v_\mathrm{o} = 5\,m/s$, o ângulo θ para o alcance máximo é cerca de $11°$.

4.2. DERIVADA DE FUNÇÕES TRIGONOMÉTRICAS

2° exemplo - Velocidade e aceleração em coordenadas polares

O ponto P no plano xy também pode ser localizado pelas coordenas r e θ, mostradas na Figura 4.6 (r é o módulo de $\vec{r}$). São chamadas *coordenadas polares*. Os unitários correspondentes são $\hat{r}$ e $\hat{\theta}$ (assim como são $\hat{i}$ e $\hat{j}$ relativamente às coordenadas x e y). Também são perpendiculares entre si.

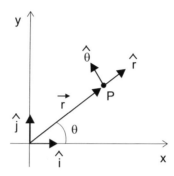

Figura 4.6: Coordenadas polares

Vamos, primeiro, obter as expressões da velocidade e aceleração de um corpo em movimento circular e uniforme (bem conhecidas do segundo grau). Sua velocidade $\vec{v}$ possui módulo constante, mas $\vec{v}$ não é constante (o sentido varia). É necessário uma força atuando sobre o corpo. Pode ser, por exemplo, a exercida pelo fio quando é feito girar, ou a de atrito (estático) sobre os pneus do carro numa curva, ou a força gravitacional numa órbita circular etc. Como veremos pelo sentido da aceleração, esta força é voltada para o centro. Por isso recebe o nome de força centrípeta (não é uma força nova, é apenas uma das forças mencionadas cujo sentido está voltado para o centro).

Considerando o movimento circular com raio R, temos o vetor posição em cada instante,

$$\vec{r} = R\,\hat{r}$$

A velocidade do corpo é, então, dada por

$$\vec{v} = \frac{d\vec{r}}{dt} = R\frac{d\hat{r}}{dt}$$

Podemos calcular facilmente $d\hat{r}/dt$, e também $d\hat{\theta}/dt$, expressando $\hat{r}$ e $\hat{\theta}$ em termos dos unitários $\hat{i}$ e $\hat{j}$ (que não variam com o tempo). Veja, por favor, a Figura 4.7.

$$\hat{r} = \cos\theta\,\hat{i} + \operatorname{sen}\theta\,\hat{j}$$
$$\hat{\theta} = -\operatorname{sen}\theta\,\hat{i} + \cos\theta\,\hat{j} \qquad (4.41)$$

Assim,

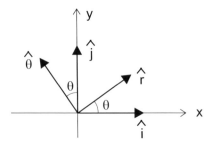

Figura 4.7: Unitários $\hat{i}$, $\hat{j}$, $\hat{r}$ e $\hat{\theta}$

$$\frac{d\hat{r}}{dt} = -\operatorname{sen}\theta\,\frac{d\theta}{dt}\,\hat{i} + \cos\theta\,\frac{d\theta}{dt}\,\hat{j} = \frac{d\theta}{dt}\,\hat{\theta}$$

$$\frac{d\hat{\theta}}{dt} = -\cos\theta\,\frac{d\theta}{dt}\,\hat{i} - \operatorname{sen}\theta\,\frac{d\theta}{dt}\,\hat{j} = -\frac{d\theta}{dt}\,\hat{r} \qquad (4.42)$$

Obtemos, então, que a velocidade do corpo no movimento circular uniforme é

$$\vec{v} = \omega R\,\hat{\theta} \qquad (4.43)$$

em que $\omega = d\theta/dt$ é a velocidade angular. De acordo com o sentido de $\hat{\theta}$, notamos que $\vec{v}$ é tangente à trajetória (circular) em cada ponto.

Para obter a aceleração, derivamos a velocidade em relação ao tempo,

$$\vec{a} = \frac{d\vec{v}}{dt} = \omega R\,\frac{d\hat{\theta}}{dt} = -\omega^2 R\,\hat{r} \qquad (4.44)$$

que é, como já tínhamos adiantado, voltada para o centro da tratetória (por isso chamada aceleração centrípeta).

O caso geral de velocidade e aceleração (quando r varia também) é obtido partindo do vetor posição,

$$\vec{r} = r\,\hat{r}$$

Fica como exercício mostrar que (exercício 9)

$$\vec{v} = \dot{r}\,\hat{r} + r\,\dot{\theta}\,\hat{\theta}$$
$$\vec{a} = \left(\ddot{r} - r\,\dot{\theta}^2\right)\hat{r} + \left(2\dot{r}\,\dot{\theta} + r\,\ddot{\theta}\right)\hat{\theta} \qquad (4.45)$$

em que o ponto sobre a variável significa derivada temporal (uma notação muito usada). Na Seção 4.4 falaremos como é feita a descrição do movimento planetário através das coordenadas polares.

3º exemplo - Princípio de Fermat

É também conhecido como *princípio do tempo mínimo* (data de 1657). Diz que a luz para ir de um ponto a outro segue o percurso de menor tempo. Com ele, podem-se deduzir as leis da reflexão e refração da Ótica Geométrica.

Sejam dois pontos P e Q como mostra a Figura 4.8. Um raio luminoso é emitido em P e deve chegar a Q após uma reflexão no espelho. Vamos mostrar que o tempo é mínimo quando $\theta = \phi$ (o ângulo de incidência é igual ao de reflexão).

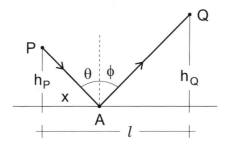

Figura 4.8: Luz indo de P a Q após uma reflexão

Pelos dados da figura, o tempo para a luz ir de um ponto a outro é

$$t = \frac{\overline{PA}}{v} + \frac{\overline{AQ}}{v}$$
$$= \frac{1}{v}\left[\sqrt{h_P^2 + x^2} + \sqrt{h_Q^2 + (l-x)^2}\right]$$

Como v, h_P, h_Q e l são constantes, a relação acima nos diz que o tempo é uma função de x. Assim, da condição $dt/dx = 0$, que só pode estar associada a um mínimo (o máximo seria infinito), obtemos

$$\frac{dt}{dx} = 0 \Rightarrow \frac{x}{\sqrt{h_P^2 + x^2}} - \frac{l-x}{\sqrt{h_Q^2 + (l-x)^2}} = 0$$
$$\Rightarrow \operatorname{sen}\theta = \operatorname{sen}\phi \Rightarrow \theta = \phi$$

Consideremos, agora, os pontos P e Q em meios diferentes, como mostra a Figura 4.9, em que n_1 e n_2 são os índices de refração de cada meio.[3] Agora,

$$t = \frac{\overline{PA}}{v_1} + \frac{\overline{AQ}}{v_2}$$
$$= \frac{1}{v_1}\sqrt{h_P^2 + x^2} + \frac{1}{v_2}\sqrt{h_Q^2 + (l-x)^2}$$

---

[3] O índice de refração n de certo meio é igual a c/v, em que c e v são as velocidades da luz no vácuo e no meio, respectivamente

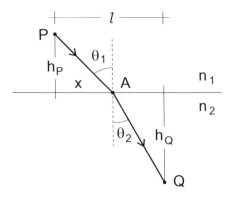

Figura 4.9: Luz indo de P a Q após uma refração

E a condição de tempo mínimo também é obtida diretamente,

$$\frac{dt}{dx} = 0 \quad \Rightarrow \quad \frac{x}{v_1 \sqrt{h_P^2 + x^2}} - \frac{l-x}{v_2 \sqrt{h_Q^2 + (l-x)^2}} = 0$$
$$\Rightarrow \quad n_1 \operatorname{sen} \theta_1 = n_2 \operatorname{sen} \theta_2$$

Os processos relacionados a máximos e mínimos (e pontos de inflexão) são semelhantes aos que vimos no Capítulo 1, apenas, agora, há a inclusão das funções trigonométricas. Sugiro ao estudante fazer os exercícios 10-13.

4.2.4 Expansão em série do seno e cosseno

No Capítulo 1, Subseção 1.4.1, vimos a expansão de uma função em série de potência, relações (1.24) e (1.26), correspondentes às expansões em torno de $x = a$ (série de Taylor) e $x = 0$ (série de Maclaurin), respectivamente. Nosso objetivo, naquela oportunidade, era apresentar a expansão binomial (em que o binômio de Newton é um caso particular).

As expansões de seno e cosseno, em torno de $x = 0$ (série de Maclaurin), são de muita utilidade. Diretamente, usando os valores de seno, cosseno e suas derivadas em $x = 0$, obtêm-se (exercício 14)

$$\operatorname{sen} x = x - \frac{x^3}{3!} + \frac{x^5}{5!} - \frac{x^7}{7!} + \cdots \quad (4.46)$$

$$\cos x = 1 - \frac{x^2}{2!} + \frac{x^4}{4!} - \frac{x^6}{6!} + \cdots \quad (4.47)$$

Quanto à questão da convergência, a fim de não interferir no desenvolvimento que estamos seguindo, vou optar para tratá-la no final do Capítulo 5. Caso o estudante prefira, nada impede que a veja agora. É opcional. Só mencionemos que as duas expansões acima são convergentes.

4.3 Equações diferenciais

Voltemos ao Capítulo 2, Seção 2.2, quando falamos da equação diferencial do oscilador harmônico. Naquela oportunidade, foi mencionado que sua solução se dá através das funções seno e cosseno. Vejamos isto agora. Concentremo-nos na sua visão mais simples, corpo de massa m sob ação de uma mola (esticada ou comprimida). Considerando o movimento ao longo do eixo x, a força sobre o corpo é dada por

$$\vec{F} = -kx\,\hat{\imath} \tag{4.48}$$

O sinal negativo significa que a força está sempre voltada para origem (ponto $x = 0$ onde a mola não está nem esticada nem comprimida). A constante k é uma característica da mola. Se $\vec{F}$ for a única força atuando sobre o corpo será, consequentemente, a resultante. Assim, pela segunda lei de Newton,

$$-kx = ma \tag{4.49}$$

Não há necessidade da notação vetorial porque o movimento ocorre só numa dimensão. A relação acima leva à equação diferencial do oscilador harmônico (para o caso do corpo de massa m preso à mola de constante k)

$$\frac{d^2x}{dt^2} + \frac{k}{m}\,x = 0 \tag{4.50}$$

De maneira geral, como vimos no Capítulo 2, para resolvê-la basta perceber o que a equação está nos dizendo. Observamos que a solução x é tal que derivando-a duas vezes o resultado deve voltar a x e com o sinal trocado (ajustando-se certo fator para haver o cancelamento). Sabemos que as funções seno e cosseno possuem exatamente esta característica. Assim, tanto $\mathrm{sen}\left(\sqrt{k/m}\,\right)t$ como $\cos\left(\sqrt{k/m}\,\right)t$ são soluções (a quantidade $\sqrt{k/m}$ é que vai gerar o fator multiplicativo k/m de x). Podemos concluir, então, que a solução geral de (4.50) é

$$x(t) = C_1\,\mathrm{sen}\left(\omega t\right) + C_2\,\cos\left(\omega t\right) \tag{4.51}$$

em que substituí $\sqrt{k/m}$ por ω para simplificar a notação (mais adiante veremos seu significado). C_1 e C_2 são constantes, o que já era esperado pois, pelo que vimos no Capítulo 2, a solução de uma equação diferencial de segunda ordem possui duas constantes. Seus valores estão relacionados às condições iniciais.

O movimento é oscilatório. É chamado *oscilador harmônico* em virtude de ser dado pelas funções seno e cosseno (também chamadas funções harmônicas). Vejamos o significado da quantidade ω, introduzida na solução. Lembremos o conceito de período, que é o tempo que o corpo leva para voltar à mesma posição e com as mesmas características. Chamando-o de T, teríamos $x(t) = x(t+T)$. Diretamente, devido à dependência em seno e cosseno,

$$\omega T = 2\pi \quad \Rightarrow \quad \omega = \frac{2\pi}{T} = 2\pi f$$

102 CAPÍTULO 4. FUNÇÕES TRIGONOMÉTRICAS

A quantidade ω é chamada *frequência angular*; e f, *frequência* (o inverso do período). No caso da oscilação que estamos estudando,

$$T = \frac{2\pi}{\omega} = 2\pi \sqrt{\frac{m}{k}} \tag{4.52}$$

Observamos que quanto maior a constante da mola, menor o período. E o contrário em relação à massa do corpo (um resultado intuitivamente esperado).

A solução (4.51) é geralmente apresentada através de outras constantes, mais características do movimento,

$$x(t) = A \,\mathrm{sen}\,(\omega t + \alpha) \tag{4.53}$$

As constantes agora são A e α, que recebem os nomes de amplitude e fase inicial, respectivamente. Fica como exercício mostrar o relacionamento dessas constantes com as anteriores C_1 e C_2 (exercício 15).

Para concluir, mencionemos que se fosse incluída a força de atrito sobre o corpo, devido ao choque com as moléculas do meio, que é dada por $-b\,\vec{v}$ (em que b é uma constante que depende da forma do corpo e do tipo de fluido onde se movimenta), a equação diferencial que agora teríamos de resolver seria,

$$\frac{d^2 x}{dt^2} + \frac{b}{m}\,\frac{dx}{dt} + \frac{k}{m}\,x = 0 \tag{4.54}$$

Notamos que, em virtude do termo com dx/dt, seno e cosseno não são mais soluções. No Capítulo 5, veremos como resolvê-la.

4.4 Integrais com funções trigonométricas

Pelo que vimos sobre derivadas de funções trigonométricas, principalmente as relações (4.29) e (4.30), podemos diretamente escrever duas integrais básicas,

$$\int \mathrm{sen}\,\theta \, d\theta = -\cos\theta + C \tag{4.55}$$

$$\int \cos\theta \, d\theta = \mathrm{sen}\,\theta + C \tag{4.56}$$

Observando (4.31)-(4.34), bem como (4.35)-(4.40), poderíamos escrever várias, pois, como sabemos, conhecendo a expressão de qualquer derivada tem-se a da integral correspondente. Para os desenvolvimentos iniciais, só as duas acima e a de potência, relação (3.9), são suficientes. Mais adiante, com a experiência que formos adquirindo, outras (poucas) serão incorporadas naturalmente.

4.4.1 Exemplos do cálculo de algumas integrais

Apenas com o uso das relações (3.9), (4.55) e (4.56), calculemos algumas integrais (várias ficarão como exercício).

4.4. INTEGRAIS COM FUNÇÕES TRIGONOMÉTRICAS

1° exemplo

Comecemos com

$$I_1 = \int \text{sen}^3 \theta \cos \theta \, d\theta$$

Notamos que, embora escrita em termos de funções trigonométricas, é o uso direto da integral de potência, relação (3.9), em que $u = \text{sen} \, \theta$ e $a = 3$. Assim,

$$\int \text{sen}^3 \theta \cos \theta \, d\theta = \frac{1}{4} \, \text{sen}^4 \theta + C$$

Resultado que pode ser diretamente verificado (obtém-se o integrando pela derivação do lado direito).

2° exemplo

Seja, agora,

$$I_2 = \int \text{sen}^3 \theta \, d\theta$$

A relação (3.9) não pode ser utilizada, pois o elemento diferencial du, correspondente a $u = \text{sen} \, \theta$, não está presente. Também, não parece muito direto dizer qual função cuja derivada em relação a θ forneça $\text{sen}^3 \theta$. A solução é conseguida após algumas modificações,

$$
\begin{aligned}
\int \text{sen}^3 \theta \, d\theta &= \int \text{sen}^2 \theta \, \text{sen} \, \theta \, d\theta \\
&= \int \left(1 - \cos^2 \theta \right) \text{sen} \, \theta \, d\theta \\
&= \int \text{sen} \, \theta \, d\theta - \int \cos^2 \theta \, \text{sen} \, \theta \, d\theta \\
&= -\cos \theta + \frac{1}{3} \cos^3 \theta + C
\end{aligned}
$$

3° exemplo

E se fosse a integral,

$$I_3 = \int \text{sen}^5 \theta \, d\theta$$

O caminho similar ao anterior seria substituir $\text{sen}^4 \theta$ por $\left(1 - \cos^2 \theta \right)^2$ e fazer o desenvolvimento (também similar e com um pouco mais de trabalho algébrico). O estudante poderá fazer isto em um dos exercícios propostos. Vou seguir outro caminho (que será usado em alguns desenvolvimentos). Façamos as seguintes modificações no integrando (vou proceder de forma bem gradativa),

$$\begin{aligned}
\operatorname{sen}^5\theta\,d\theta &= \operatorname{sen}^4\theta\,\operatorname{sen}\theta\,d\theta = -\operatorname{sen}^4\theta\,d\left(\cos\theta\right)\\
&= -d\left(\operatorname{sen}^4\theta\,\cos\theta\right) + d\left(\operatorname{sen}^4\theta\right)\cos\theta\\
&= -d\left(\operatorname{sen}^4\theta\,\cos\theta\right) + 4\operatorname{sen}^3\theta\,\cos^2\theta\,d\theta\\
&= -d\left(\operatorname{sen}^4\theta\,\cos\theta\right) + 4\operatorname{sen}^3\theta\left(1-\operatorname{sen}^2\theta\right)d\theta\\
&= -d\left(\operatorname{sen}^4\theta\,\cos\theta\right) + 4\operatorname{sen}^3\theta\,d\theta - 4\operatorname{sen}^5\theta\,d\theta
\end{aligned}$$

O último termo é o integrando a menos de um fator multiplicativo. Assim, podemos reescrevê-lo como

$$\operatorname{sen}^5\theta\,d\theta = -\frac{1}{5}\,d\left(\operatorname{sen}^4\theta\,\cos\theta\right) + \frac{4}{5}\operatorname{sen}^3\theta\,d\theta$$

Como vemos, a integral foi escrita em termos da integral do segundo exemplo. Substituindo-a obtemos a solução,

$$\int \operatorname{sen}^5\theta\,d\theta = -\frac{1}{5}\operatorname{sen}^4\theta\,\cos\theta + \frac{4}{15}\cos^3\theta - \frac{4}{5}\cos\theta + C$$

4° exemplo

O desenvolvimento acima pode ser utilizado para o caso geral da integral,

$$I_4 = \int \operatorname{sen}^n\theta\,d\theta$$

sendo $n=$ um número inteiro. Fica como exercício mostrar que (exercício 16)

$$\int \operatorname{sen}^n\theta\,d\theta = -\frac{1}{n}\operatorname{sen}^{n-1}\theta\,\cos\theta + \frac{n-1}{n}\int \operatorname{sen}^{n-2}\theta\,d\theta + C \qquad (4.57)$$

Notamos que ela fornece os casos particulares acima para $n=3$ e $n=5$, bem como para $n=1$, que é a relação inicial (4.55). Mais ainda, como não foi feita nenhuma restrição quanto a n ser ímpar, ela vale também para n par. Um caso particular muito usado é $n=2$,

$$\begin{aligned}
\int \operatorname{sen}^2\theta\,d\theta &= -\frac{1}{2}\operatorname{sen}\theta\,\cos\theta + \frac{1}{2}\theta + C\\
&= -\frac{1}{4}\operatorname{sen}2\theta + \frac{1}{2}\theta + C \qquad (4.58)
\end{aligned}$$

em que, na segunda passagem, foi usada a primeira relação (4.20).

4.4. INTEGRAIS COM FUNÇÕES TRIGONOMÉTRICAS

5° exemplo

Usando cosseno em lugar de seno, os resultados acima passam a (exercício 17)

$$\int \cos^n \theta \, d\theta = \frac{1}{n} \cos^{n-1} \theta \, \mathrm{sen} \, \theta + \frac{n-1}{n} \int \cos^{n-2} \theta \, d\theta + C \quad (4.59)$$

$$\int \cos^2 \theta \, d\theta = \frac{1}{4} \, \mathrm{sen} \, 2\theta + \frac{1}{2} \theta + C \quad (4.60)$$

6° exemplo

Voltemos às integrais (4.58) e (4.60). Como disse, são muito usadas. Podemos obtê-las de outra maneira (bem mais simples) partindo de (4.7) e da segunda relação (4.20). Vamos reescrevê-las,

$$\mathrm{sen}^2 \theta + \cos^2 \theta = 1$$
$$\cos^2 \theta - \mathrm{sen}^2 \theta = \cos 2\theta$$

Subtraindo e somando as relações acima, obtêm-se

$$\mathrm{sen}^2 \theta = \frac{1}{2} \left(1 - \cos 2\theta \right) \quad (4.61)$$

$$\cos^2 \theta = \frac{1}{2} \left(1 + \cos 2\theta \right) \quad (4.62)$$

cujas integrais diretamente levam a (4.58) e (4.60), respectivamente.

Sugiro ao estudante fazer os exercícios 18-20.

4.4.2 Alguns exemplos de geometria

No capítulo anterior, vimos a obtenção de perímetros, áreas e volumes com o uso de integrais. Só sabíamos a função de potência e, assim, nossas deduções ficaram um pouco limitadas. Agora, com a inclusão de funções trigonométricas, podemos esclarecer alguns pontos pendentes, relacionados principalmente ao círculo e à esfera. Comecemos com a obtenção do perímetro do círculo.

1° exemplo - perímetro do círculo

Seja a equação do círculo $x^2 + y^2 = R^2$. Usando-a na expressão do elemento diferencial dl, dado por (3.13), temos (veja por favor a Figura 3.9),

$$dl = \sqrt{(dx)^2 + (dy)^2} = \sqrt{1 + \left(\frac{dy}{dx} \right)^2} \, dx$$

$$= \sqrt{1 + \frac{x^2}{y^2}} \, dx \quad \leftarrow \quad \frac{dy}{dx} = -\frac{x}{y}$$

$$= \sqrt{\frac{x^2 + y^2}{y^2}} \, dx = \frac{R}{y} \, dx = \frac{R}{\sqrt{R^2 - x^2}} \, dx$$

CAPÍTULO 4. FUNÇÕES TRIGONOMÉTRICAS

Ficou do tipo $f(x)\,dx$, mas não é direto dizer qual função cuja derivada em relação a x dá $1/\sqrt{R^2 - x^2}$. É aqui que aparece uma utilidade das funções trigonométricas no cálculo de integrais. Notamos, pela expressão do elemento diferencial, que os valores de x devem estar entre 0 e R. Assim, através da mudança de variável,

$$x = R\operatorname{sen}\alpha$$

que é compatível com os valores de x, elimina-se a raiz quadrada, fornecendo

$$\sqrt{R^2 - x^2} = R\cos\alpha$$
$$dx = R\cos\alpha\,d\alpha$$

Antes de continuar, acho oportuno fazer um comentário. Não há necessidade de identificar o significado da variável α junto à geometria do problema. É apenas uma mudança de variável (também poderia ter usado a função cosseno).

Com as substituições acima, o elemento diferencial fica

$$dl = R\,d\alpha$$

e a solução da integral é diretamente obtida,

$$l = R\,\alpha + C = R\arccos\operatorname{sen}\frac{x}{R} + C$$

em que, na segunda passagem, voltou-se à variável inicial. Para obtenção do perímetro, basta considerar os limites de integração. Tomando por base o comprimento do círculo no primeiro quadrante, temos

$$\begin{aligned}
p &= 4R\arcsin\frac{x}{R}\,\Big|_0^R \\
&= 4R\left(\operatorname{arc\,sen}1 - \operatorname{arc\,sen}0\right) \\
&= 4R\left(\frac{\pi}{2} - 0\right) = 2\pi R
\end{aligned}$$

2° exemplo - área do círculo

Vamos partir do elemento diferencial $dxdy$ mostrado na Figura 4.10. Considerando a área do primeiro quadrante, a do círculo fica

$$A = 4\int_0^R\int_0^{\sqrt{R^2 - y^2}} dx\,dy = 4\int_0^R \sqrt{R^2 - y^2}\,dy$$

Resta a integração em y. A situação é semelhante à do exemplo anterior. Para eliminar a raiz quadrada, façamos a substituição $y = R\operatorname{sen}\alpha$. Tomemos o elemento diferencial separadamente,

4.4. INTEGRAIS COM FUNÇÕES TRIGONOMÉTRICAS

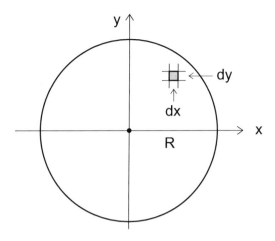

Figura 4.10: Elemento de área $dxdy$ no círculo de raio R

$$dA = 4\sqrt{R^2 - y^2}\, dy$$
$$= 4\sqrt{R^2 - R^2 \operatorname{sen}^2 \alpha}\; d(R \operatorname{sen}\alpha)$$
$$= 4R^2 \cos^2 \alpha\, d\alpha$$

Quanto à integral em α, podemos usar o que vimos no sexto exemplo da Subseção 4.4.1, substituindo $\cos^2 \alpha$ de acordo com (4.62). Assim,

$$A = 2R^2 \int (1 + \cos 2\alpha)\, d\alpha = 2R^2 \left(\alpha + \frac{1}{2} \operatorname{sen} 2\alpha\right) + C$$
$$= 2R^2 \left(\operatorname{arc\,sen} \frac{y}{R} + \frac{1}{2} \frac{y}{R} \sqrt{1 - \frac{y^2}{R^2}}\right) + C$$

Na última passagem, voltamos à variável inicial. A área é dada por

$$A = 2R^2 \left.\left(\operatorname{arc\,sen} \frac{y}{R} + \frac{1}{2} \frac{y}{R} \sqrt{1 - \frac{y^2}{R^2}}\right)\right|_0^R$$
$$= 2R^2 \left(\operatorname{arc\,sen} 1 + 0\right) = \pi R^2$$

Vamos concluir com uma observação. O uso das coordenadas polares r e θ (vistas no segundo exemplo da Subseção 4.2.3), tanto o perímetro como a área do círculo poderiam ser obtidos bem mais diretamente. Nessas coordenadas, os elementos de linha e de área estão mostrados na Figura 4.11. Vemos que dl é a hipotenusa do triângulo retângulo cujos catetos são dr e $r\,d\theta$. Assim,

$$dl = \sqrt{(dr)^2 + (r\,d\theta)^2} \tag{4.63}$$

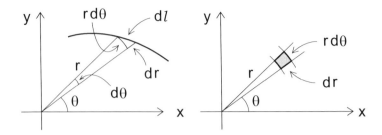

Figura 4.11: Elementos de linha e de área em coordenadas polares

Usando-o para a equação do círculo $r = R$ (em coordenadas polares), obtemos diretamente o perímetro,

$$p = R \int_0^{2\pi} d\theta = 2\pi R$$

No caso da área, também é simples. O elemento dA está na segunda figura,

$$dA = r\, dr\, d\theta \qquad (4.64)$$

As duas integrações podem ser feitas independentemente,

$$A = \int_0^{2\pi} \int_0^R r\, dr\, d\theta = \frac{1}{2} r^2 \Big|_0^R \theta \Big|_0^{2\pi} = \pi R^2$$

3º exemplo - perímetro e área da elipse

A Figura 4.12 mostra o gráfico da elipse com focos F e F'. A distância entre eles é $2c$ (distância focal). Os eixos maior e menor estão representados por $2a$ e $2b$, respectivamente. A elipse é o lugar geométrico dos pontos cuja soma das distâncias aos focos é constante e igual $2a$. Com isto, pode-se determinar sua equação. Em coordenadas cartesianas, é dada por (exercício 21)

$$\frac{x^2}{a^2} + \frac{y^2}{b^2} = 1 \qquad (4.65)$$

Comecemos pelo cálculo da área. O procedimento é similar ao do círculo. Tomando por base o primeiro quadrante, o mesmo elemento diferencial $dx\,dy$ (Figura 4.10) e considerando que o limite superior da primeira integral é

$$x = a\sqrt{1 - \frac{y^2}{b^2}} = \frac{a}{b}\sqrt{b^2 - y^2}$$

temos

$$A = 4 \int_0^b \int_0^{\left(a\sqrt{b^2 - y^2}\right)/b} dx\, dy = \frac{4a}{b} \int_0^b \sqrt{b^2 - y^2}\, dy$$

4.4. INTEGRAIS COM FUNÇÕES TRIGONOMÉTRICAS

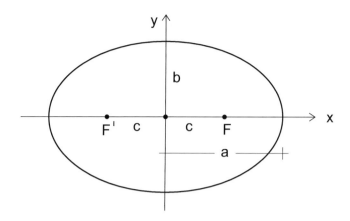

Figura 4.12: Elipse com eixo maior $2a$, menor $2b$ e distância focal $2c$

Para fazer a integração em y, também podemos usar substituição trigonométrica similar, $y = b \operatorname{sen} \alpha$. Assim,

$$A = \frac{4a}{b}\frac{b^2}{2}\left. \left(\operatorname{arc\,sen}\frac{y}{b} + \frac{1}{2}\frac{y}{b}\sqrt{1 - \frac{y^2}{b^2}}\right)\right|_0^b$$
$$= 2ab\left(\operatorname{arc\,sen} 1 + 0\right) = \pi ab \tag{4.66}$$

A semelhança com o círculo para aqui. O cálculo do perímetro leva a uma integral que não possui solução exata. Só pode ser resolvida por aproximação. Vejamos porque isto acontece. Da equação da elipse obtemos dy/dx,

$$\frac{2x}{a^2} + \frac{2y}{b^2}\frac{dy}{dx} = 0 \quad \Rightarrow \quad \frac{dy}{dx} = -\frac{b^2 x}{a^2 y}$$

Substituindo-o no elemento diferencial dl,

$$dl = \sqrt{(dx)^2 + (dy)^2} = \sqrt{1 + \left(\frac{dy}{dx}\right)^2}\, dx$$

e fazendo algumas passagens algébricas (exercício 22), chega-se a

$$dl = \sqrt{\frac{a^2 - \epsilon^2 x^2}{a^2 - x^2}}\, dx$$

em que $\epsilon = c/a$ é a *excentricidade* da elipse (o círculo é um caso particular correspondendo a $\epsilon = 0$). Considerando mudança de variável semelhante às que temos feito, $x = a \operatorname{sen} \alpha$, e mais algumas passagens algébricas (ainda o exercício 22), temos que o perímetro da elipse é dado pela integral

$$p = 4a \int_0^{\pi/2} \sqrt{1 - \epsilon^2 \operatorname{sen}^2 \alpha}\, d\alpha \tag{4.67}$$

Não há função alguma cuja derivada em relação a α dê $\sqrt{1 - \epsilon^2 \operatorname{sen}^2 \alpha}$ (excetuando os casos particulares $\epsilon = 0$ e $\epsilon = 1$). E o perímetro da elipse só pode ser obtido de forma aproximada.[4]

Para concluir, consideremos também a elipse em coordenadas polares, cuja equação com origem no foco F é dada por (exercício 23),

$$r = \frac{a\left(1 - \epsilon^2\right)}{1 + \epsilon \cos \theta} \tag{4.68}$$

Fica como exercício, usando o elemento de área em coordenadas polares (segunda Figura 4.11), obter sua área (exercício 24). Poderá ser notado que, diferindo do círculo, o trabalho algébrico é maior. Quanto ao perímetro também não muda nada, o resultado não pode ser obtido exatamente.

Antes do exemplo seguinte, sugiro ao estudante fazer os exercícios 25 - 29.

4° exemplo - área da esfera

Tomemos como elemento de área a superfície lateral do tronco de cone com geratriz $dl = R\,d\phi$ e raio $r = R \operatorname{sen} \phi$, mostrado na Figura 4.13. Temos, então, que o elemento diferencial de área sobre a superfície esférica é

$$dA = 2\pi r\, dl = 2\pi R^2 \operatorname{sen} \phi\, d\phi$$

Observamos que ϕ varia de zero a π. Assim, a área fica

$$A = 2\pi R^2 \int_0^\pi \operatorname{sen} \phi\, d\phi = 2\pi R^2 \left(- \cos \phi\right)\Big|_0^\pi = 4\pi R^2$$

4.4.3 Exemplos em Física Básica

Veremos três com o uso de funções trigonométricas para se chegar à solução. O primeiro é sobre o oscilador harmônico, o segundo refere-se à integral que dá a solução das órbitas em interação gravitacional e o último corresponde a uma visão diferente da força gravitacional do nosso dia a dia.

1° exemplo

Na Seção 4.3, vimos o oscilador harmônico através da solução de uma equação diferencial de segunda ordem, quando obtivemos diretamente a posição da partícula em cada instante. No caso do oscilador harmônico, é possível estudá-lo através de integrais, obtendo primeiramente a velocidade. Entretanto, acho oportuno enfatizar o que disse na última seção do Capítulo 2. Nem toda equação diferencial permite esta abordagem.

---

[4] Para o estudante que estiver interessado, veja, por favor, o meu livro **Física Básica para Ciências Exatas**, Volume 1, Capítulo 6, Editora Livraria da Física. Essas aproximações foram feitas com motivação nas órbitas dos planetas do sistema solar que, de maneira geral, diferem pouco da órbita circular.

4.4. INTEGRAIS COM FUNÇÕES TRIGONOMÉTRICAS

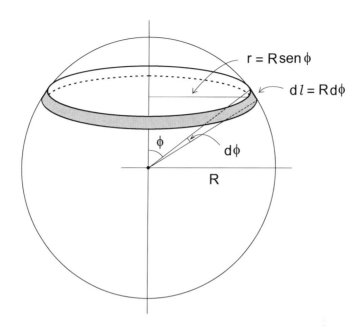

Figura 4.13: Elemento de área da esfera

Voltemos à relação (4.49), correspondendo ao uso da segunda lei de Newton em que a resultante é a própria força da mola. Usando a propriedade da derivada de função de função, elimina-se a dependência temporal e obtém-se o elemento diferencial a ser integrado,

$$m\frac{dv}{dt} = -kx \quad \Rightarrow \quad m\frac{dv}{dx}\frac{dx}{dt} = -kx \quad \Rightarrow \quad v\,dv = -\frac{k}{m}x\,dx$$

E com a condição $v = 0$ para $x = A$, escrevemos a velocidade v numa posição x qualquer,

$$\int_0^v v\,dv = -\frac{k}{m}\int_A^x x\,dx \quad \Rightarrow \quad v^2 = -\frac{k}{m}\left(x^2 - A^2\right)$$

$$\Rightarrow \quad v = \sqrt{\frac{k}{m}\left(A^2 - x^2\right)}$$

Não foi usada nenhuma função trigonométrica para fazer a integral. Usaremos, agora, para obter $x(t)$ a partir do resultado acima,

$$v = \sqrt{\frac{k}{m}\left(A^2 - x^2\right)} \quad \Rightarrow \quad \frac{dx}{\sqrt{A^2 - x^2}} = \sqrt{\frac{k}{m}}\,dt$$

Fazendo a substituição $x = A\,\text{sen}\,\alpha$, temos $dx = A\cos\alpha\,d\alpha$ e a raiz desaparece fornecendo $\sqrt{A^2 - x^2} = A\cos\alpha$. Assim,

$$
d\alpha = \sqrt{\frac{k}{m}}\, dt \quad \Rightarrow \quad \alpha = \sqrt{\frac{k}{m}}\, t + C \quad \Rightarrow \quad x = A\,\mathrm{sen}\left(\sqrt{\frac{k}{m}}\, t + C\right)
$$

Considerando $x = A$ quando $t = 0$, temos $C = \pi/2$. E o $x(t)$ do movimento harmônico fica

$$
x(t) = A\,\mathrm{sen}\left(\sqrt{\frac{k}{m}}\, t + \frac{\pi}{2}\right)
$$

2° exemplo

Seja um corpo de massa m movendo-se em interação gravitacional com M e consideremos $M \gg m$ (significa, efetivamente, que só m se move). Pode ser, por exemplo, o movimento de um planeta em torno do Sol, ou de um satélite artificial em torno da Terra ou, até mesmo, o desvio sofrido por algum meteoro. A equação do movimento de m vem das leis de Newton (a segunda e a da gravitação). Combinando-as, obtém-se

$$
m\,\vec{a} = -\,G\,\frac{Mm}{r^{2}}\,\hat{r}
$$

O movimento é plano (já falaremos sobre isto). Usando a expressão da aceleração em coordenadas polares, dada por (4.45), chegamos às equações diferenciais,

$$
\ddot{r} - r\,\dot{\theta}^{2} + \frac{GM}{r^{2}} = 0
$$
$$
2\,\dot{r}\,\dot{\theta} + r\,\ddot{\theta} = 0
$$

Como podemos observar, não é um sistema de solução direta (as variáveis r e θ aparecem acopladas). Não são essas as equações resolvidas em cursos um pouco mais avançados que o nosso. Eu as escrevi apenas com o intuito de falar, matematicamente, sobre o problema. O que geralmente se faz é partir das constantes do movimento, energia mecânica e momento angular (estou citando apenas por referência, não iremos usá-los). O momento angular angular é um vetor. Sendo constante, aponta sempre num sentido. Por isto é que o movimento é plano (ocorre no plano perpendicular ao vetor). Se iniciássemos o tratamento deste problema com as equações diferenciais acima, o resultado teria quatro constantes (características das soluções de duas equações diferenciais de segunda ordem). Partindo de duas constantes (a energia mecânica e o módulo do momento angular) é como se restassem duas equações diferenciais de primeira ordem. Fazendo a eliminação do tempo, obtém-se uma de primeira ordem, envolvendo r e θ. Significa, então, que o problema pode ser reduzido ao cálculo de uma integral.

4.4. INTEGRAIS COM FUNÇÕES TRIGONOMÉTRICAS

Poderíamos fazer todo este desenvolvimento. Entretanto, tomaria muito espaço e não seria, também, nosso objetivo.[5] O que queremos é ver como se resolve a integral que fornece as trajetórias do corpo sob interação gravitacional. Assim, apenas citemos que ela é do tipo,

$$I = \int \frac{du}{\sqrt{a + bu - cu^2}}$$

em que $u = 1/r$. As constantes a, b e c são positivas e relacionam-se às constantes do problema (energia, módulo do momento angular, massas e constante gravitacional). É resolvida por substituição trigonométrica. Fica como exercício mostrar que sua solução é (exercício 30)

$$\int \frac{du}{\sqrt{a + bu - cu^2}} = \frac{1}{\sqrt{c}} \arccos\left(\frac{2cx - b}{\sqrt{b^2 + 4ac}}\right) + C \qquad (4.69)$$

3° exemplo

Sejam duas partículas de $1\,g$ e separadas por $1\,m$. Consideremos que estejam isoladas, inicialmente em repouso e apenas sob sua interação gravitacional. Usando nossa experiência diária da força gravitacional, não é simples ter alguma intuição sobre o tempo que levam para colidir. Vamos calculá-lo.

Comecemos o desenvolvimento sem levar em conta os valores numéricos. No final, faremos as substituições. Tomemos, então, duas partículas de massa m, sob interação gravitacional, inicialmente em repouso e separadas pela distância a. Pela simetria (em virtude de as massas serem iguais), devem colidir no centro. Assim, basta olhar para o movimento de uma delas e considerar que a distância a ser percorrida é $a/2$. Veja, por favor, a Figura 4.14, quando a partícula está a uma distância x do centro (tomado como origem). A interação entre elas é dado por forças, cujo módulo F é

$$F = \frac{Gm^2}{(2x)^2}$$

Figura 4.14: Uma das partículas movendo-se em direção à origem

Usando-o na segunda lei de Newton (com o sentido mostrado na figura), temos

$$-\frac{Gm^2}{4x^2} = ma \quad \Rightarrow \quad \frac{dv}{dt} = -\frac{Gm}{4x^2}$$

---

[5] Para o estudante que, no momento, estiver interessado, veja, por exemplo, o meu livro **Mecânica Newtoniana, Lagrangiana e Hamiltoniana**, Capítulo 7, Seção 7.3, Editora Livraria da Física.

114   *CAPÍTULO 4. FUNÇÕES TRIGONOMÉTRICAS*

Vamos calcular primeiro $v(x)$ (que não precisará de substituições trigonométricas). Usemos novamente a propriedade da derivada de função de função para eliminar a dependência temporal,

$$\frac{dv}{dx}\frac{dx}{dt} = -\frac{G\,m}{4x^2} \quad \Rightarrow \quad v\,dv = -\frac{G\,m}{4x^2}\,dx$$

E $v(x)$ pode, então, ser obtido,

$$\int_0^v v\,dv = -\frac{G\,m}{4}\int_{a/2}^x \frac{dx}{x^2} \quad \Rightarrow \quad \frac{v^2}{2} = \frac{G\,m}{4}\left(\frac{1}{x} - \frac{2}{a}\right)$$

$$\Rightarrow \quad v = -\sqrt{\frac{G\,m}{2a}}\,\sqrt{\frac{a-2x}{x}}$$

O sinal menos deve-se ao sentido da velocidade.

Passemos ao cálculo de $x(t)$. Pelo resultado acima,

$$\frac{dx}{dt} = -\sqrt{\frac{G\,m}{2a}}\,\sqrt{\frac{a-2x}{x}} \quad \Rightarrow \quad \int_{a/2}^0 \sqrt{\frac{x}{a-2x}}\,dx = -\sqrt{\frac{G\,m}{2a}}\int_0^T dt$$

em que T é o tempo de colisão. Como podemos notar, a integral em x não é direta. Temos de lidar com a presença de raíz quadrada, tanto no numerador quanto no denominador. Podemos eliminá-las, convenientemente, com duas substituições. Primeiro, $x = u^2$, que resolve a do numerador. Depois, notamos que a do denominador fica resolvida substituindo u por $\sqrt{a/2}\,\operatorname{sen}\alpha$. Essas mudanças de variáveis levam a

$$dx = 2u\,du = a\,\operatorname{sen}\alpha\cos\alpha\,d\alpha$$
$$\sqrt{\frac{x}{a-2x}} = \frac{u}{\sqrt{a-2u^2}} = \frac{1}{\sqrt{2}}\frac{\operatorname{sen}\alpha}{\cos\alpha}$$

Com isto, o integrando fica

$$\frac{a}{\sqrt{2}}\operatorname{sen}^2\alpha\,d\alpha = -\sqrt{\frac{G\,m}{2a}}\,dt \quad \Rightarrow \quad \frac{a}{2}\left(1 - \cos 2\alpha\right)d\alpha = -\sqrt{\frac{G\,m}{a}}\,dt$$

A integral, em termos da variável α, é diretamente obtida,

$$\frac{a}{2}\left(\alpha - \frac{\operatorname{sen} 2\alpha}{2}\right) = -\sqrt{\frac{G\,m}{a}}\,t + C$$

Passando para u e depois para x, temos a solução da integral inicial,

$$\frac{a}{2}\left[\operatorname{arc\,sen}\sqrt{\frac{2x}{a}} - \sqrt{\frac{2x}{a}\left(1 - \frac{2x}{a}\right)}\right]\Bigg|_{a/2}^0 = -\sqrt{\frac{G\,m}{a}}\,t\,\Bigg|_0^T$$

$$\Rightarrow \quad T = \frac{\pi\,a^{3/2}}{4\sqrt{G\,m}}$$

4.4. INTEGRAIS COM FUNÇÕES TRIGONOMÉTRICAS 115

Usando o valor da constante gravitacional G, dado por (2.14), e os valores de a e m, obtemos o tempo de colisão,

$$T = 3,04 \times 10^6 \, s$$

que corresponde a 35 dias, 4 horas, 26 minutos e 40 segundos! Realmente, não é simples mesmo ter tido a intuição de que levaria tanto tempo.

Nas aplicações acima, em geometria e Física Básica, vimos a resolução de várias integrais por substituições trigonométricas, partindo da relação (4.7), usando seno e cosseno. Fazendo substituições semelhantes, sugiro ao estudante resolver as integrais pedidas no exercício 31 (algumas podem ser resolvidas com o que foi visto no Capítulo 3 – nada impede que sejam resolvidas por substituições trigonométricas também).

4.4.4 Resolução de mais algumas integrais

Vamos completar a seção fazendo algumas observações e falando sobre a resolução de outras integrais.

Voltando ao que disse no início da seção

Após a apresentação das integrais de seno e cosseno (as integrais trigonométricas que usamos até agora), mencionei que, depois de alguma experiência, outras poderiam ser incorporadas naturalmente. Como exemplos, pela observação das derivadas (4.31)-(4.35), temos

$$\int \sec^2 \theta \, d\theta = \tan \theta + C \tag{4.70}$$

$$\int \csc^2 \theta \, d\theta = -\cot \theta + C \tag{4.71}$$

$$\int \sec \theta \tan \theta \, d\theta = \sec \theta + C \tag{4.72}$$

$$\int \csc \theta \cot \theta \, d\theta = -\csc \theta + C \tag{4.73}$$

É natural que as usemos sem precisar recorrer às integrais de seno e cosseno (mas se quiséssemos poderíamos fazê-lo – exercício 32). Também, pela observação de (4.35), poderíamos escrever diretamente o resultado da integral que está no item d do exercício 31.

Outras integrais por substituições trigonométricas

Como disse, as integrais que resolvemos até agora, através de substituições trigonométricas, só envolveram seno e cosseno. Foram as mais adequadas e sempre partimos da relação (4.7). Há integrais que requerem o uso de outras funções trigonométricas. Para tal, também partimos, indiretamente, de (4.7). Dividindo-a por $\cos^2 \theta$ e $\text{sen}^2 \theta$, obtemos, respectivamente,

$$1 + \tan^2\theta = \sec^2\theta \qquad (4.74)$$

$$1 + \cot^2\theta = \csc^2\theta \qquad (4.75)$$

Vejamos dois exemplos. Seja, primeiramente,

$$I_1 = \int \frac{dx}{(1+x^2)^{3/2}}$$

Notamos que a substituição de x por funções seno e cosseno não é apropriada pois x não está restrito ao intervalo entre ± 1. Pode ter qualquer valor. Observando (4.74) e (4.75), temos que as substituições apropriadas são em termos de tangente ou cotangente. Usemos a tangente. Fica como exercício fazer a substituição por cotangente (exercício 33).

$$x = \tan\alpha \quad \Rightarrow \quad (1+x^2)^{3/2} = (1+\tan^2\alpha)^{3/2} = \sec^3\alpha$$
$$\Rightarrow \quad dx = d(\tan\alpha) = \sec^2\alpha\, d\alpha$$

Temos, então, que a integral fica

$$\int \frac{dx}{(1+x^2)^{3/2}} = \int \frac{\sec^2\alpha\, d\alpha}{\sec^3\alpha} = \int \cos\alpha\, d\alpha = \operatorname{sen}\alpha + C$$

$$= \frac{1}{\csc\alpha} + C = \frac{1}{\sqrt{1+\cot^2\alpha}} + C$$

$$= \frac{1}{\sqrt{1+(1/x)^2}} + C = \frac{x}{\sqrt{1+x^2}} + C \qquad (4.76)$$

Consideremos, agora, a integral

$$I_2 = \int \frac{dx}{x^3\sqrt{x^2-1}}$$

Notamos que x^2 deve ser maior que 1. Neste caso, a substituição adequada deve ser por secante ou cossecante. Façamos, então,

$$x = \sec\alpha \quad \Rightarrow \quad x^2 - 1 = \sec^2\alpha - 1 = \tan^2\alpha$$
$$\Rightarrow \quad dx = d(\sec\alpha) = \sec\alpha\tan\alpha\, d\alpha$$

Assim,

$$\int \frac{dx}{x^3\sqrt{x^2-1}} = \int \frac{\sec\alpha\tan\alpha\, d\alpha}{\sec^3\alpha\tan\alpha} = \int \cos^2\alpha\, d\alpha$$

$$= \frac{1}{2}\int (1+\cos 2\alpha)\, d\alpha = \frac{1}{2}\alpha + \frac{1}{4}\operatorname{sen} 2\alpha + C$$

$$= \frac{1}{2}\alpha + \frac{1}{2}\sqrt{1 - \frac{1}{\sec^2\alpha}}\,\frac{1}{\sec\alpha}$$

$$= \frac{1}{2}\operatorname{arc\,sec} x + \frac{\sqrt{x^2-1}}{2x^2} + C \qquad (4.77)$$

4.5 Agulha de Buffon

Este é o nome com que ficou conhecido o problema proposto no Século XVIII por Georges-Louis Leclerc, o Conde de Buffon. Refere-se à probabilidade de uma agulha de comprimento l, jogada aleatoriamente sobre uma superfície horizontal, contendo linhas paralelas igualmente espaçadas de t, ficar sobre uma delas (veja, por favor, a Figura 4.15). Nosso interesse é que corresponde a um exemplo (bem diferente dos outros que vimos) cuja solução envolve integral trigonométrica. Entretanto, o grande interesse que ele despertou foi estar relacionado a uma experiência estatística para obtenção do número (irracional) π.

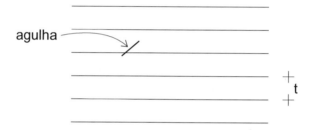

Figura 4.15: Exemplo de quando a agulha cai sobre a linha

Antes de começar a tratar do problema diretamente, falemos um pouco sobre probabilidades. Um exemplo simples é o da moeda jogada para o alto. A probabilidade de cair com uma face ou outra voltada para cima é 50%. Podemos também dizer que a probabilidade de dar um caso ou outro é 1/2. Com dados, a probabilidade de dar uma determinada face para cima é 1/6.

Não precisamos mais do que esses dois objetos (a moeda e o dado) para entender o fundamento da probabilidade que será apresentado na solução do problema. Para tal, suponhamos, agora, que se jogue o dado e a moeda. Qual a probabilidade de dar, por exemplo, "cara" na moeda e o número três no dado? Observamos que há doze possibilidades (a cada face do dado pode estar associado o lado "cara" ou "coroa" da moeda). Portanto, a probabilidade é 1/12. Assim, a probabilidade conjunta desses dois objetos (que são distintos) é o produto das duas probabilidades individuais,

$$\frac{1}{12} = \frac{1}{2} \times \frac{1}{6}$$

Realmente, é só isto de que precisamos para entender a solução do problema. Consideremos $t > l$ (não muda muito na sua característica). Seja x a distância do centro da agulha à linha mais próxima e θ o ângulo entre a linha e a agulha, como mostra a Figura 4.16. Portanto, em relação à linha mais próxima, x pode estar entre 0 e $t/2$, e θ entre 0 e π.

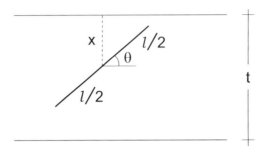

Figura 4.16: Localização da agulha em relação às linhas

Estes são os possíveis valores de x e θ, assim como "cara" e "coroa" eram para as faces da moeda e havia seis valores possíveis para as faces do dado. A única diferença entre os dois casos é que as variáveis x e θ são contínuas. Raciocinemos, então, com os elementos diferenciais dx e $d\theta$. As probabilidades para as essas variáveis são

$$\frac{dx}{t/2} \quad \text{e} \quad \frac{d\theta}{\pi}$$

Assim como a moeda e o dado, as variáveis x e θ são independentes. A probabilidade conjunta para os dois eventos, que chamaremos de dP é

$$dP = \frac{2\,dx}{t}\,\frac{d\theta}{\pi} = \frac{2}{\pi t}\,dx\,d\theta$$

Identificamos o elemento diferencial do problema. Está pronto para ser integrado (será uma integração dupla). Nosso objetivo é encontrar a probabilidade de a agulha cruzar a linha. Vemos que isto ocorrerá se

$$x \leq \frac{l}{2}\operatorname{sen}\theta$$

Assim, as integrações que deveremos fazer para achar a probabilidade de a agulha cruzar a linha são (começaremos com a integração em x porque seus limites dependem de θ).

$$\begin{aligned} P &= \int_0^\pi \int_0^{(l/2)\operatorname{sen}\theta} \frac{2}{\pi t}\,dx\,d\theta \\ &= \frac{2}{\pi t} \int_0^\pi \frac{l}{2}\operatorname{sen}\theta\,d\theta \\ &= -\frac{l}{\pi t}\cos\theta \Big|_0^\pi = \frac{2l}{\pi t} \end{aligned}$$

4.6. EXERCÍCIOS

Experimentalmente, joga-se a agulha N vezes sobre a superfície (quanto maior N, melhor a questão da estatística). Se desses N eventos, n cruzarem uma das linhas, teremos que probabilidade é n/N. Substituindo no resultado anterior, temos

$$\frac{n}{N} = \frac{2l}{\pi t} \tag{4.78}$$

Usualmente considera-se $t = l$. Assim, pode-se escrever o interessante resultado estatístico para π,

$$\pi = \frac{2N}{n} \tag{4.79}$$

Foi isto que levou ao grande interesse pelo problema. Temos um meio de relacionar o número irracional π com uma experiência estatística. Várias foram feitas. Costuma ser usado em projetos de iniciação científica, em que o estudante planeja um mecanismo para realizá-la. Há, também, programas que simulam essa experiência, cujos vídeos podem ser encontrados facilmente na internet.

4.6 Exercícios

1 - Fazendo $\alpha + \beta = \theta$ e $\alpha - \beta = \phi$ [que acarreta $\alpha = (\theta + \phi)/2$ e $\beta = (\theta - \phi)/2$] em cada relação (4.19) e, depois, somando e subtraindo os resultados, mostrar que as relações (4.21) são obtidas.

2* - Usando a expansão em série de $\operatorname{sen}\theta$, mencionada no item (iv), final da Subseção 4.1.4, verificar que $\operatorname{sen}40° = 0,6428$ (aproximação com quatro algarismos significativos).

3 - Obter a derivada de $\cos\theta$ partindo de cada uma das seguintes relações,

a*) $\cos\theta = \operatorname{sen}\left(\dfrac{\pi}{2} - \theta\right)$ b) $\cos\theta = \operatorname{sen}\left(\dfrac{\pi}{2} + \theta\right)$

c*) $\operatorname{sen}2\theta = 2\operatorname{sen}\theta\cos\theta$

4 - Usando as derivadas do seno e cosseno, deduzir as relações (4.31) - (4.34).

5 - Deduzir as relações (4.36) - (4.40).

6 - Calcular a derivada das funções em relação à variável correspondente,

a*) $y = \operatorname{sen}\left(ax^2\right)$ b) $x = \operatorname{sen}\sqrt{1+\theta}$ c) $s = \cos\sqrt{1+at^2}$

d*) $y = \operatorname{sen}^3 x^2$ e) $y = 2\operatorname{sen}x\cos x$ f) $u = \cos^2 v$

g) $x = \tan^3\theta$ h) $y = \operatorname{sen}2x\cos x$ i) $\rho = \dfrac{\operatorname{sen}\theta}{\theta}$

j) $y = x\operatorname{sen}\dfrac{x}{2}$ k) $\theta = \operatorname{arc}\tan 3x$ l) $\theta = x^2\operatorname{arc}\tan 2x$

m) $\theta = x\operatorname{arc}\operatorname{sen}x$ n) $\theta = \operatorname{arc}\tan\sqrt{x}$ o) $y = \sqrt{2+\cos 2x}$

p) $\theta = \operatorname{arc}\operatorname{sen}\left(\cos x - x^2\right)$ q) $\theta = \operatorname{arc}\operatorname{sen}x - \operatorname{arc}\cos x$

r) $x = \dfrac{1}{3}\tan^3\theta - \tan\theta + \theta$ s) $y^2 = \operatorname{sen}^4 2x + \cos^4 2x$

t) $\theta = x\sqrt{a^2 - x^2} + a^2 \arcsin\dfrac{x}{a}$

7 - Calcular dy/dx das seguintes funções
   a) $x = \operatorname{sen} y$ b) $x = \operatorname{sen} y^2$ c) $x = \operatorname{sen}^3 y^2$
   d) $x = \operatorname{arc\,sen} y$ e) $x = \operatorname{arc\,tan} y$ f) $y = \cos(x - y)$
   g) $x = \operatorname{arc\,sen}(\cos y - y^2)$ h*) $x \operatorname{sen} 2y = y \cos 2x$
   i) $x^3 = \operatorname{sen}^3 y + \cos^3 y$

8 - Calcular d^2y/dx^2 de cada uma das funções
   a) $y = \operatorname{sen} kx$ b) $y = \tan x$ c) $y = x \cos x$ d) $y = \dfrac{\operatorname{sen} x}{x}$

9 - Obter as expressões da velocidade e aceleração em coordenadas polares, dadas por (4.45).

10* - Seja um lago na forma de um semicírculo de $1\,km$ de raio (veja, por favor, a Figura 4.17). Uma pessoa está inicialmente no ponto A e deseja ir até C. Primeiro, nada em linha reta até B e, depois, caminha pela margem do lago até chegar ao destino final. Sabendo que sua velocidade nadando é $2\,km/h$ e andando, $4\,km/h$, obter os tempos mínimo e máximo para fazer o percurso.

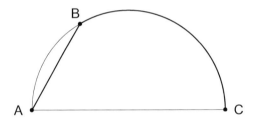

Figura 4.17: Exercício 10

11 - Achar os ângulos de interseção de cada um dos pares de curva,
   a*) $y = \operatorname{sen} x$ e $y = \cos x$
   b) $y = \tan x$ e $y = \cot x$
   c) $y = \cos x$ e $y = \operatorname{sen} 2x$

12 - Achar os máximos, mínimos e pontos de inflexão,
   a) $y = \dfrac{1}{2}x - \operatorname{sen} x$ para $0 \le x \le 2\pi$
   b) $y = 2x - \tan x$ para $0 \le x \le \pi$
   c) $y = \tan x - 4x$ para $0 \le x \le \pi$
   d) $y = 3\operatorname{sen} x - 4\cos x$ para $0 \le x \le 2\pi$
   e) $y = \operatorname{sen} \pi x - \cos \pi x$ para $0 \le x \le 2$

4.6. EXERCÍCIOS

13* - Obter o valor máximo da função $y = a\,\text{sen}\,x + b\cos x$.

14 - Obter as expansões de $\text{sen}\,x$ e $\text{sen}\,x$, dadas por (4.46) e (4.47).

15 - Qual o relacionamento entre as constantes C_1 e C_2 da solução (4.51) com as constantes A e α de (4.53)?

16* - Obter a relação (4.57).

17 - Idem para (4.59), bem como o caso particular (4.60).

18 - Calcular as integrais (usar o processo que achar mais conveniente).

a*) $\displaystyle\int \text{sen}^5\theta\,d\theta$ 　　 b*) $\displaystyle\int \text{sen}^4\theta\,d\theta$ 　　 c) $\displaystyle\int x\,\text{sen}\,x\,dx$

d) $\displaystyle\int x^2\,\text{sen}\,x\,dx$ 　　 e) $\displaystyle\int x^2\cos x\,dx$ 　　 f) $\displaystyle\int x^3\cos x^2\,dx$

g) $\displaystyle\int \text{sen}^2\theta\cos^3\theta\,d\theta$ 　　 h) $\displaystyle\int \frac{\cos\theta}{\text{sen}^3\theta}\,d\theta$ 　　 i) $\displaystyle\int_0^{\pi/2} \text{sen}^3\theta\cos\theta\,d\theta$

j) $\displaystyle\int_0^{\pi/2} \text{sen}^5\cos\theta\,d\theta$ 　　 k) $\displaystyle\int_{-\pi}^{+\pi} x^2\cos x\,dx$ 　　 l) $\displaystyle\int_0^{\pi/2} x\,\text{sen}\,x^2\,dx$

19 - Mostrar que

$$\int \text{sen}\,mx\,\text{sen}\,nx\,dx = \frac{\text{sen}\,(m-n)\,x}{2\,(m-n)} - \frac{\text{sen}\,(m+n)\,x}{2\,(m+n)} + C$$

$$\int \cos mx\,\cos nx\,dx = \frac{\text{sen}\,(m-n)\,x}{2\,(m-n)} + \frac{\text{sen}\,(m+n)\,x}{2\,(m+n)} + C$$

20 - E, também, que

$$\int_{-\pi}^{+\pi} \text{sen}\,mx\,\text{sen}\,nx\,dx = \int_{-\pi}^{+\pi} \cos mx\,\cos nx\,dx$$

$$= \begin{cases} 0 & \text{se } m \neq n \\ \pi & \text{se } m = n \end{cases}$$

21* - Considerando que a elipse é o lugar geométrico dos pontos cuja soma das distâncias aos focos é constante e igual a $2a$, mostrar que sua equação em coordenadas cartesianas é dada por (4.65).

22 - Fazer as passagens algébricas que ficaram faltando para obter (4.67).

23* - Obter a equação da elipse em coordenadas polares, com origem no foco F, dada por (4.68).

24 - Calcular a área da elipse usando coordenadas polares.

25* - Mostrar que a equação da elipse, também em coordenadas polares, mas com origem no centro, é dada por

$$r = \frac{ab}{\sqrt{a^2 \operatorname{sen}^2 \theta + b^2 \cos^2 \theta}}$$

26 - Calcular o comprimento da curva em que as coordenadas x e y são dadas por $x = \cos^3 \phi$ e $y = \operatorname{sen}^3 \phi$, entre $\phi = 0$ e $\phi = \pi/4$.

27* - Achar o comprimento e a área da curva (em coordenadas polares) dada por $r = a\left(1 + \cos\theta\right)$.

28* - Idem para $r = a\cos\theta$, em que $-\pi/2 \leq \theta \leq \pi/2$. Como seria para $r = a\left|\cos\theta\right|$, com $-\pi/2 \geq \theta \geq \pi/2$? E para $r = a\left|\cos\theta\right|$, com θ entre 0 e 2π?

29 - Obter a área das regiões limitadas pelas seguintes curvas (todas em coordenadas polares).

a) $r = 10\cos\theta$ b) $r = 1 - \cos\theta$ c) $r = \sqrt{1 - \cos\theta}$

d) $r = 2 + \operatorname{sen} 2\theta$ e) $r = 1 - \operatorname{sen}\theta$

30* - Obter a integral (4.69).

31 - Calcular as integrais abaixo com o uso de substituições trigonométricas semelhantes às feitas nas Subseções 4.4.2 e 4.4.3. Como foi mencionado, algumas podem ser resolvidas, também, com o que foi visto no capítulo anterior (sem substituição trigonométrica).

a*) $\displaystyle\int \frac{x^3\,dx}{\sqrt{a^2 - x^2}}$ b) $\displaystyle\int \frac{x^2\,dx}{\sqrt{a^2 - x^2}}$ c) $\displaystyle\int \frac{x\,dx}{\sqrt{a^2 - x^2}}$

d) $\displaystyle\int \frac{dx}{\sqrt{a^2 - x^2}}$ e) $\displaystyle\int \sqrt{a^2 - x^2}\,dx$ f) $\displaystyle\int \sqrt{a^2 - x^2}\,x\,dx$

g) $\displaystyle\int \sqrt{a^2 - x^2}\,x^2\,dx$ h) $\displaystyle\int \sqrt{a^2 - x^2}\,x^3\,dx$

32* - Partindo das integrais de seno e cosseno, mostrar a relação (4.72). Depois, mostrar a (4.70).

33 - Obter a integral (4.76) partindo da substituição $x = \cot\alpha$.

34 - Calcular as integrais abaixo com o uso de funções trigonométricas.

a) $\displaystyle\int \frac{x^3\,dx}{\sqrt{1 + x^2}}$ b) $\displaystyle\int \frac{dx}{\left(16 + x^2\right)^2}$ c) $\displaystyle\int \frac{dx}{4 + x^2}$

d) $\displaystyle\int x^3 \sqrt{x^2 + 4}\,dx$ e) $\displaystyle\int \frac{dx}{x^2 \sqrt{x^2 - 1}}$ f) $\displaystyle\int \frac{dx}{x \sqrt{x^2 - 1}}$

35 - Idem

a*) $\displaystyle\int \operatorname{arc\,sen} x\,dx$ b) $\displaystyle\int \frac{\operatorname{arc\,sen} x}{\sqrt{1 - x^2}}\,dx$ c) $\displaystyle\int \frac{\operatorname{arc\,tan} x}{1 + x^2}\,dx$

d*) $\displaystyle\int x\,\operatorname{arc\,tan} x\,dx$ e) $\displaystyle\int x\,\operatorname{arc\,cos} x\,dx$

Capítulo 5

Funções exponencial e logarítmica

Neste capítulo, faremos uma sequência parecida com a do anterior. Veremos derivadas, equações diferenciais e integrais, mas envolvendo funções exponencial e logarítmica.

5.1 Introdução

No Capítulo 1, introduzimos o conceito de função de potência, dado pela relação (1.15). Vamos repeti-la (com a numeração deste capítulo),

$$f(x) = x^a \qquad (5.1)$$

em que o expoente a é um número inteiro ou fracionário (número racional).

Função exponencial é a generalização da função de potência, quando não há restrições para o expoente. Pode ser uma variável (real) qualquer. Vamos denotá-la por

$$f(x) = a^x \qquad (5.2)$$

É dita *função exponencial na base a*. Embora tenhamos usado a mesma letra do caso anterior, aqui não há restrições para seus valores (também pode ser um número irracional). Como exemplos, temos

$$f(x) = 2^x$$
$$f(x) = 2^{\sqrt{x}}$$
$$f(x) = 5^{\operatorname{sen} x}$$
$$f(x) = \pi^x \quad \text{etc.}$$

123

CAPÍTULO 5. FUNÇÕES EXPONENCIAL E LOGARÍTMICA

O logaritmo nada mais é do que outra forma de escrever a função exponencial (ou a de potência num caso particular) em que o expoente é explicitado. Veja, por favor, a relação (5.3) que mostra as duas situações. Na segunda, dizemos que x é o logaritmo de y na base a.

$$y = a^x \quad \leftrightarrow \quad x = \log_a y \qquad (5.3)$$

Alguns exemplos,

$$3 = \log_2 8$$
$$2 = \log_3 9$$
$$\frac{1}{2} = \log_4 2$$
$$0,30103 = \log_{10} 2$$
$$0,47712 = \log_{10} 3$$

Por convenção, não se escreve o valor da base quando for 10. Assim, para os dois últimos exemplos, teríamos

$$\log 2 = 0,30103\ldots$$
$$\log 3 = 0,47712\ldots$$

A base 10 é muito usual. Outra é o número irracional $e = 2,718\ldots$ Daqui a pouco veremos sua origem e o porquê de usá-lo como base.

Vamos concluir a seção relembrando alguns valores particulares de logaritmo, bem como suas propriedades. São diretamente verificadas através da relação (5.3). Para qualquer base a, temos (exercício 1)

$$\log_a 1 = 0 \qquad (5.4)$$
$$\log_a a = 1 \qquad (5.5)$$
$$\log_a 0 = -\infty \qquad (5.6)$$
$$\log_a (MN) = \log_a M + \log_a N \qquad (5.7)$$
$$\log_a \frac{M}{N} = \log_a M - \log_a N \qquad (5.8)$$
$$\log_a N^h = h \log_a N \qquad (5.9)$$

5.2 Derivadas

Comecemos com a função logarítmica. Pela definição de derivada,

$$\frac{d}{dx} \log_a x = \lim_{\Delta x \to 0} \frac{\log_a (x + \Delta x) - \log_a x}{\Delta x}$$

Usando as propriedades (5.7) e (5.8), podemos fazer o desenvolvimento,

5.2. DERIVADAS

$$\begin{aligned}
\frac{d}{dx} \log_a x &= \lim_{\Delta x \to 0} \frac{1}{\Delta x} \log_a \left(\frac{x + \Delta x}{x} \right) \\
&= \lim_{\Delta x \to 0} \frac{1}{\Delta x} \log_a \left(1 + \frac{\Delta x}{x} \right) \\
&= \frac{1}{x} \lim_{\Delta x \to 0} \frac{x}{\Delta x} \log_a \left(1 + \frac{\Delta x}{x} \right) \\
&= \frac{1}{x} \log_a \lim_{\Delta x \to 0} \left(1 + \frac{\Delta x}{x} \right)^{x/\Delta x}
\end{aligned} \tag{5.10}$$

Todo o desenvolvimento acima foi para chegar ao limite do tipo,

$$\lim_{h \to \infty} \left(1 + \frac{1}{h} \right)^h = 1^\infty \tag{5.11}$$

que não está visível devido ao símbolo de indeterminação 1^∞. Para obtê-lo, usemos a expansão binomial, vista no Capítulo 1, relação (1.27),

$$\begin{aligned}
\lim_{h \to \infty} \left(1 + \frac{1}{h} \right)^h &= \lim_{h \to \infty} \left[1 + h \frac{1}{h} + \frac{h(h-1)}{2!} \frac{1}{h^2} + \cdots \right] \\
&= 1 + 1 + \frac{1}{2!} + \frac{1}{3!} + \frac{1}{4!} + \cdots
\end{aligned} \tag{5.12}$$

Esta série é convergente (como disse, no final do capítulo veremos sobre a questão da convergência). O resultado é justamente o número irracional e.[1] Seus quatro primeiros algarismos significativos foram mencionados acima [que pode ser diretamente verificado somando-se alguns termos de (5.12)],

$$e = 2,718 \tag{5.13}$$

Substituindo o limite (5.12) em (5.10), temos a derivada da função logaritmo,

$$\frac{d}{dx} \log_a x = \frac{1}{x} \log_a e \tag{5.14}$$

Agora, pode-se entender porque é comum considerar um sistema de logaritmo em que a base é o próprio número e (representado por ln). A derivada da função $\ln x$ simplesmente fica

$$\frac{d}{dx} \ln x = \frac{1}{x} \tag{5.15}$$

---

[1] O número irracional mais famoso é sem dúvida o π, que o estudante toma contato logo no ensino fundamental. O e, que é a base dos *logaritmos neperianos* (já veremos), é apresentado no ensino médio. Há também um número irracional muito interessante, o Φ, inicial de Phideas (escultor grego que viveu no Século V a.C.), cujos primeiros algarismos são $1,618\cdots$. Está relacionado à razão áurea (e às curvas da Natureza). Para o estudante que estiver interessado, falo sobre ele no meu livro **Pensando com a Matemática**, Capítulo 5, Seção 5.5, Editora Livraria da Física.

126   *CAPÍTULO 5. FUNÇÕES EXPONENCIAL E LOGARÍTMICA*

Partindo da derivada do logaritmo, obtém-se que a derivada da função exponencial é (exercício 2)

$$\frac{d}{dx}\, a^x = \frac{a^x}{\log_a e} \tag{5.16}$$

Consequentemente,

$$\frac{d}{dx}\, e^x = e^x \tag{5.17}$$

Poderíamos ter iniciado com a dedução de (5.16). A relação (5.14) seria obtida depois (exercício 3). Sugiro, antes de passar para a seção seguinte, resolver os exercícios 4 - 7.

5.2.1   Expansões em série e Fórmula de Euler

Usando a relação (1.26) (série de Maclaurin), obtemos duas importantes expansões (exercício 8),

$$e^x = 1 + x + \frac{x^2}{2!} + \frac{x^3}{3!} + \frac{x^4}{4!} + \cdots \tag{5.18}$$

$$\ln(1+x) = x - \frac{x^2}{2} + \frac{x^3}{3} - \frac{x^4}{4} + \cdots \tag{5.19}$$

Seja, agora, a expansão de e^{ix}, em que $i = \sqrt{-1}$ é o fator que caracteriza a região imaginária das variáveis complexas. Como $i^2 = -1$, $i^3 = -i$, $i^4 = 1$, $i^5 = i$ etc., temos

$$e^{ix} = 1 + ix - \frac{x^2}{2!} - i\frac{x^3}{3!} + \frac{x^4}{4!} + i\frac{x^5}{5!} + \cdots$$

Separemos as partes real e imaginária,

$$e^{ix} = 1 - \frac{x^2}{2!} + \frac{x^4}{4!} + \cdots + i\left(x - \frac{x^3}{3!} + \frac{x^5}{5!} + \cdots\right)$$

Lembrando das expansões de seno e cosseno, vistas no capítulo anterior, relações (4.46) e (4.47), podemos escrever a também importante (e interessante) expressão (*fórmula de Euler*),

$$e^{ix} = \cos x + i\,\mathrm{sen}\,x \tag{5.20}$$

A partir dela temos as seguintes expressões para seno e cosseno,

$$\mathrm{sen}\,x = \frac{e^{ix} - e^{-ix}}{2i}$$

$$\cos x = \frac{e^{ix} + e^{-ix}}{2} \tag{5.21}$$

Veremos mais adiante o uso dessas relações em algumas aplicações. Vamos completar a seção falando sobre as funções hiperbólicas (que usaremos na resolução de algumas integrais).

5.2. DERIVADAS

5.2.2 Funções hiperbólicas

As funções seno e cosseno hiperbólicos são definidas em analogia com (5.21),

$$\operatorname{senh} \alpha = \frac{e^{\alpha} - e^{-\alpha}}{2}$$

$$\cosh \alpha = \frac{e^{\alpha} + e^{-\alpha}}{2} \tag{5.22}$$

em que α é uma variável adimensional [como é o x que aparece em (5.18), (5.19) e (5.21)]. Recebem esses nomes porque $x = \cosh \alpha$ e $y = \operatorname{senh} \alpha$ satisfazem a equação da hipérbole unitária $x^2 - y^2 = 1$ (exercício 9)

$$\cosh^2 \alpha - \operatorname{senh}^2 \alpha = 1 \tag{5.23}$$

em semelhança com $x = \cos \alpha$ e $y = \operatorname{sen} \alpha$ em relação ao círculo $x^2 + y^2 = 1$.

Embora a variável α seja adimensional tanto no caso hiperbólico como no trigonométrico, o significado de ângulo não é o mesmo. Também, apesar de possuírem relações matemáticas parecidas, a começar com (5.22) e (5.23), os limites dos seus valores são bem diferentes. Observamos que o mínimo de $\cosh \alpha$ é 1 (o máximo é infinito). E $\operatorname{senh} \alpha$ varia de $-\infty$ a $+\infty$. Podem ser usadas como substituições para fazer integrais. Veremos isto na Seção 5.4. Usa-se o cosseno hiperbólico em lugar da secante ou cossecante; e o seno hiperbólico, no lugar da tangente ou cotangente.

Fica como exercício mostrar que (exercício 10)

$$\operatorname{senh}(\alpha + \beta) = \operatorname{senh} \alpha \cosh \beta + \operatorname{senh} \beta \cosh \alpha$$

$$\cosh(\alpha + \beta) = \cosh \alpha \cosh \beta + \operatorname{senh} \alpha \operatorname{senh} \beta \tag{5.24}$$

bem como para as derivadas (exercício 11),

$$\frac{d}{d\alpha} \operatorname{senh} \alpha = \cosh \alpha$$

$$\frac{d}{d\alpha} \cosh \alpha = \operatorname{senh} \alpha \tag{5.25}$$

Pode-se, também, definir

$$\tanh \alpha = \frac{\operatorname{senh} \alpha}{\cosh \alpha}$$

$$\coth \alpha = \frac{1}{\tanh \alpha}$$

$$\operatorname{sech} \alpha = \frac{1}{\cosh \alpha}$$

$$\operatorname{csch} \alpha = \frac{1}{\operatorname{senh} \alpha} \tag{5.26}$$

E usando (5.25), diretamente obtêm-se (exercício 12)

$$\frac{d}{d\alpha} \tanh \alpha = \text{sech}^2 \alpha$$

$$\frac{d}{d\alpha} \coth \alpha = -\text{csch}^2 \alpha$$

$$\frac{d}{d\alpha} \text{sech}\,\alpha = -\text{sech}\,\alpha \tanh \alpha$$

$$\frac{d}{d\alpha} \text{csch}\,\alpha = -\text{csch}\,\alpha \coth \alpha \tag{5.27}$$

Para concluir, convém mencionar que a analogia não se manifesta em todas as relações. Por exemplo, no exercício 5, item h, foi pedido para calcular a derivada de $\ln(\sec x + \tan x)$. O resultado é $\sec x$. Para o caso hiperbólico, a derivada $\ln(\text{sech}\,x + \tanh x)$ não é similar [embora a de $\ln(\text{csch}\,x + \coth x)$ seja] (exercício 13).

5.3 Equações diferenciais

No capítulo anterior, final da Seção 4.3, foi mencionado que a inclusão da força de atrito no oscilador harmônico, devida ao choque com as moléculas do meio, leva a uma equação diferencial cuja solução não é mais através das funções seno e cosseno. Já era de se esperar, pois se o meio onde o corpo se movimenta for muito denso pode sequer haver oscilação. Voltemos, então, ao problema e adicionemos a força de atrito $-b\,\vec{v}$, em que b, como disse, é uma constante que depende da forma do corpo e da natureza do meio onde se movimenta.

5.3.1 Oscilador harmônico com o atrito do meio

A resultante, agora, é dada pela força da mola mais a de atrito. Assim, a segunda lei de Newton fica (não há necessidade da notação vetorial porque o movimento ocorre numa dimensão),

$$-kx - b\,v = ma \tag{5.28}$$

que leva à equação diferencial,

$$\frac{d^2 x}{dt^2} + \frac{b}{m}\frac{dx}{dt} + \frac{k}{m}x = 0 \tag{5.29}$$

É a presença do termo com dx/dt que inviabiliza a solução através de seno ou cosseno (pois o sinal não mudaria duas vezes para que pudesse haver cancelamento). Entretanto, de acordo com o que vimos na seção anterior, a derivada em relação ao tempo de uma função exponencial do tipo $e^{\lambda t}$, sendo λ constante, volta a $e^{\lambda t}$ multiplicado por λ. Observamos que a solução de (5.29) é desse tipo, bastando, no final, que se procure pelo λ apropriado.

Substituamos, então, $e^{\lambda t}$ na equação diferencial. O resultado é

5.3. EQUAÇÕES DIFERENCIAIS

$$\left(\lambda^2 + \frac{b}{m}\lambda + \frac{k}{m}\right)e^{\lambda t} = 0$$

Vemos que $e^{\lambda t}$ será solução se o termo entre parênteses for nulo. É uma equação do segundo grau cujas raízes são

$$\lambda_1 = -\frac{b}{2m} + \sqrt{\frac{b^2}{4m^2} - \frac{k}{m}} \quad e \quad \lambda_2 = -\frac{b}{2m} - \sqrt{\frac{b^2}{4m^2} - \frac{k}{m}} \qquad (5.30)$$

E a solução do problema pode ser escrita, de maneira geral, como

$$x(t) = C_1 e^{i\lambda_1 t} + C_2 e^{i\lambda_2 t} \qquad (5.31)$$

em que C_1 e C_2 são constantes não necessariamente reais (pois o desenvolvimento dos termos exponenciais deve levar a uma relação real em concordância com o lado esquerdo). Devido à (5.21), só há possibilidade de oscilação quando as raízes são complexas ($b^2/4m^2 < k/m$, a força de atrito não é tão grande). Ao contrário, $x(t)$ tende a zero exponencialmente sem oscilação. Consideraremos só o primeiro caso, principalmente pelo que vimos na seção anterior.[2]

Para simplificar a notação algébrica, façamos

$$\sqrt{\frac{k}{m}} = \omega_o \quad e \quad \frac{b}{2m} = \gamma \qquad (5.32)$$

em que ω_o é a mesma frequência angular sem amortecimento. Assim, para o caso de $\gamma < \omega_o$ (raízes complexas), a solução fica

$$\begin{aligned} x(t) &= e^{-\gamma t}\left(C_1 e^{i\sqrt{\omega_o^2 - \gamma^2}\,t} + C_2 e^{-i\sqrt{\omega_o^2 - \gamma^2}\,t}\right) \\ &= e^{-\gamma t}\left(D_1 \operatorname{sen}\sqrt{\omega_o^2 - \gamma^2}\,t + D_2 \cos\sqrt{\omega_o^2 - \gamma^2}\,t\right) \\ &= A e^{-\gamma t}\operatorname{sen}\left(\sqrt{\omega_o^2 - \gamma^2}\,t + \alpha\right) \end{aligned} \qquad (5.33)$$

Na segunda linha, os termos exponenciais foram escritos através de seno e cosseno (e as constantes redefinidas). Na última, a parte oscilatória foi colocada na mesma forma que aparece no capítulo anterior, relação (4.53). A Figura 5.1 mostra o gráfico do movimento.

5.3.2 Voltando ao caso sem atrito

Voltemos ao capítulo anterior, Seção 4.3, referente ao oscilador harmônico (sem amortecimento), mais especificamente quando chegamos na equação diferencial (4.50). Vamos reescrevê-la (com a numeração deste capítulo),

---

[2] Caso o estudante esteja interessado, o caso sem oscilação (na verdade são dois) está no meu livro **Física Básica para Ciências Exatas**, Volume 1, Subseção 4.4.5, Editora Livraria da Física.

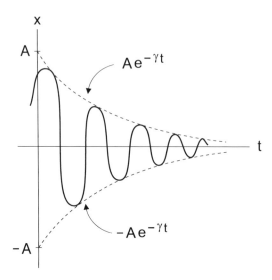

Figura 5.1: Movimento amortecido com oscilação

$$\frac{d^2x}{dt^2} + \omega^2 x = 0 \tag{5.34}$$

em que $\omega = \sqrt{k/m}$ é a frequência angular de oscilação. Naquela oportunidade, apresentamos argumentos para escrever a solução em termos de seno e cosseno. Agora, pelo que vimos na subseção anterior, temos, também, que $e^{i\omega t}$ e $e^{-i\omega t}$ são soluções. Assim, poderíamos escrever a solução,

$$x(t) = C_1 e^{i\omega t} + C_2 e^{-i\omega t} \tag{5.35}$$

Desenvolvendo $e^{i\omega t}$ e $e^{-i\omega t}$ através da fórmula de Euler, relação (5.20), e redefinindo convenientemente os coeficientes, chega-se à mesma expressão obtida naquela oportunidade (exercício 14),

$$x(t) = A\operatorname{sen}(\omega t + \alpha) \tag{5.36}$$

A beleza da Matemática

No primeiro volume dos meus livros de Física Básica (mencionado na última nota de rodapé), fiz um comentário sobre a solução do oscilador harmônico, quando usei o mesmo título acima. Acho oportuno fazer este comentário aqui também. Seja novamente a segunda lei de Newton só com a força da mola. Usando a propriedade da derivada de função de função para eliminar a dependência temporal, temos

$$m\frac{dv}{dt} = -kx \quad \Rightarrow \quad m\frac{dv}{dx}\frac{dx}{dt} = -kx \quad \Rightarrow \quad v\frac{dv}{dx} = -\omega^2 x$$

5.4. *INTEGRAIS* 131

No capítulo anterior, primeiro exemplo da Subseção 4.4.3, usou-se este resultado para obter um elemento diferencial e resolver o oscilador harmônico por integração. Observando a equação acima, notamos algo interessante. Ela admite as soluções

$$v = i\,\omega\,x \quad \text{e} \quad v = -\,i\,\omega\,x \tag{5.37}$$

que são bem diferentes de $v(x) = \pm\,\omega\,\sqrt{A^2 - \omega^2}$ encontradas para o oscilador harmônico (em caso de dúvida, veja, por favor, o primeiro exemplo da Subseção 4.4.3). Notamos, ainda, que são verificadas sem nenhum outro fator multiplicativo além de $i\,\omega$ e sem nenhuma constante aditiva (por exemplo, $v = i\,\omega\,x + C$ não é solução). Em ambas, a condição de contorno $x = A$, $v = 0$ não é verificada!?

Há uma explicação para isto. As soluções $v = \pm\,\omega\,\sqrt{A^2 - \omega^2}$ estão no campo das variáveis reais; e (5.37) são soluções do mesmo problema mas na extensão das variáveis complexas. Continuemos com as soluções complexas. Considerando $v = i\,\omega\,x$ e resolvendo a equação diferencial obtida ao escrever $v = dx/dt$, temos

$$\frac{dx}{dt} = i\,\omega\,x \quad \Rightarrow \quad \frac{1}{x}\,\frac{dx}{dt} = i\,\omega \quad \Rightarrow \quad \frac{d}{dt}\ln x = i\,\omega$$

$$\Rightarrow \quad \ln x = i\,\omega\,t + C \quad \Rightarrow \quad x(t) = e^{i\,\omega\,t + C} = C_1\,e^{i\,\omega\,t}$$

Na terceira passagem, usou-se (5.15). Analogamente, partindo da outra solução, $v = -\,i\,\omega\,x$, obtém-se

$$x(t) = C_2\,e^{-i\,\omega\,t}$$

Essas soluções podem ser combinadas na forma dada por (5.35). Depois, usando a fórmula de Euler e redefinindo convenientemente os coeficientes, chegar à solução no campo real (como foi pedido no exercício 14). Aí, usando $v = dx/dt$, obtemos também a velocidade no campo real. Bonito isto!

Este procedimento não é um fato isolado. Costuma-se transferir vários problemas para o setor das variáveis complexas (onde às vezes são resolvidos com facilidade) e, depois, volta-se com a solução para as variáveis reais. O estudante terá oportunidade de ver isto em cursos um pouco mais avançados que o nosso.[3]

5.4 Integrais

Como resultado das derivadas que obtivemos, envolvendo as funções exponencial e logarítmica, temos as seguintes integrais básicas,

---

[3] Caso haja interesse no momento, ver o Capítulo 15 do meu livro **Matemática para Físicos com Aplicações**, Volume 2, Editora Livraria da Física.

$$\int \frac{du}{u} = \ln u + C \qquad (5.38)$$

$$\int e^u \, du = e^u + C \qquad (5.39)$$

$$\int a^u \, du = a^u \log_a e + C \qquad (5.40)$$

Com a experiência que já adquirimos na resolução de integrais, podemos resolver integrais envolvendo funções exponencial e logarítmica (exercício 15).

5.4.1 Exemplo em Física Básica

Seja um corpo caindo verticalmente sob a ação da força gravitacional, mas incluindo, também, a força de atrito viscoso (causada pelo choque com as moléculas de ar). A expressão desta força (para velocidades não muito altas) é dada por $-b\vec{v}$ (a mesma que usamos na Seção 5.3). Só relembrando, b é uma constante relacionada à forma do corpo (uma folha de papel aberta possui b maior do que a mesma folha amassada) e da densidade do meio (para um mesmo corpo, na água b é maior do que no ar). A Figura 5.2 mostra a posição do corpo num ponto qualquer da trajetória vertical, com as duas forças atuando sobre ele (a gravitacional e a de atrito viscoso).

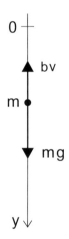

Figura 5.2: Corpo caindo verticalmente com atrito viscoso

A resultante é

$$\vec{F} = m\vec{g} - b\vec{v}$$

O movimento ocorre numa dimensão e, como temos feito em casos semelhantes, não há necessidade da notação vetorial explícita. A linha reta é a direção do movimento e os sinais mais ou menos caracterizam o sentido (de acordo com a orientação do eixo). Assim, podemos simplesmente escrever,

5.4. INTEGRAIS

$$F = mg - bv$$

E de acordo com a Segunda Lei de Newton,

$$ma = mg - bv$$

Usando a definição de aceleração, obtemos o elemento diferencial,

$$\frac{m\,dv}{mg - bv} = dt$$

Para integrar, tomemos as seguintes condições de contorno: $t = 0$, $y = 0$ e $v = 0$ (o corpo parte da origem e em repouso). Assim,

$$-\frac{m}{b} \int_0^v \frac{-b\,dv}{mg - bv} = \int_0^t dt \quad \Rightarrow \quad \ln\frac{mg - bv}{mg} = -\frac{b\,t}{m}$$

$$\Rightarrow \quad 1 - \frac{bv}{mg} = e^{-b\,t/m}$$

$$\Rightarrow \quad v = \frac{mg}{b}\left(1 - e^{-b\,t/m}\right) \qquad (5.41)$$

Notamos que para $t \to \infty$, $v = mg/b$ (constante). Significa que a força de atrito vai aumentando com a velocidade até atingir um valor máximo, igual ao peso (isto ocorre, teoricamente, num tempo infinito). A partir daí o corpo possui resultante nula e sua velocidade passa a ser, consequentemente, constante (este é o mesmo caso, por exemplo, dos paraquedas).

Naturalmente, o resultado (5.41) deve coincidir com o conhecido caso particular $v = g\,t$ se fizermos $b = 0$. Verifiquemos isto. Fazendo a substituição $b = 0$, somos levados à indeterminação $0/0$. Para visualizar o resultado que está escondido, podemos usar a expansão (5.18),

$$v(t) = \frac{mg}{b}\left(1 - 1 + \frac{b\,t}{m} - \frac{1}{2}\frac{b^2\,t^2}{m^2} + \frac{1}{6}\frac{b^3\,t^3}{m^3} - \cdots\right)$$

$$= g\,t\left(1 - \frac{b\,t}{2m} + \frac{b^2\,t^2}{6\,m^2} - \cdots\right) \qquad (5.42)$$

Tomando agora $b = 0$, obtém-se o resultado esperado, isto é, $v = g\,t$.

Escrevendo $v = dy/dt$ em (5.41), podemos extrair o elemento diferencial,

$$dy = \frac{mg}{b}\left(1 - e^{-b\,t/m}\right)dt$$

e, após a integração (com as condições de contorno), obter (exercício 16)

$$y(t) = \frac{mg}{b}\left(t + \frac{m}{b}\,e^{-b\,t/m} - \frac{m}{b}\right) \qquad (5.43)$$

Agora, fazendo $b = 0$, teremos duas indeterminações, $\infty - \infty$ e $0/0$ (a primeira é vista diretamente). Esta é a maneira de a Matemática nos dizer que,

134 CAPÍTULO 5. FUNÇÕES EXPONENCIAL E LOGARÍTMICA

para eliminá-las, será necessário tomar um termo a mais na expansão de $e^{-bt/m}$ ou, em outras palavras, que o limite $b \to 0$ também contém o termo em t^2. Confirmamos tudo isto através expansão,

$$y(t) = \frac{mg}{b} \left[t + \frac{m}{b} \left(1 - \frac{bt}{m} + \frac{1}{2} \frac{b^2 t^2}{m^2} - \frac{1}{6} \frac{b^3 t^3}{m^3} + \cdots \right) - \frac{m}{b} \right]$$

A primeira indeterminação é eliminada com a subtração dos termos m/b; a segunda, com a simplificação do b nos termos restantes. Depois, tomando o limite $b = 0$, o resultado $y = gt^2/2$ é obtido.

Antes de passar para a seção seguinte, sugiro fazer os exercícios 17-21.

5.4.2 Exemplo em Geometria

No Capítulo 3, terceiro exemplo da Subseção 3.2.1, foi mencionado que para calcular o comprimento de um trecho da parábola $y = 4 - x^2$ (mostrado na Figura 3.5), precisaríamos resolver uma integral do tipo

$$I = \int \sqrt{1 + u^2} \, du \tag{5.44}$$

Na época, só sabíamos função de potência. Não era suficiente. Vamos resolvê-la agora. Faremos de duas maneiras. Primeiro usando substituição trigonométrica e, depois, hiperbólica.

Vemos que a substituição trigonométrica apropriada para retirar a raiz é

$$u = \tan \alpha \quad \Rightarrow \quad 1 + u^2 = 1 + \tan^2 \alpha = \sec^2 \alpha$$
$$du = \sec^2 \alpha \, d\alpha$$

Assim, passamos para a integral,

$$I = \int \sec^3 \alpha \, d\alpha$$

Façamos algumas modificações no integrando para visualizar qual função cuja derivada em relação a α dá $\sec^3 \alpha$,

$$\begin{aligned} \sec^3 \alpha \, d\alpha &= \sec \alpha \sec^2 \alpha \, d\alpha = \sec \alpha \, d(\tan \alpha) \\ &= d(\sec \alpha \tan \alpha) - d(\sec \alpha) \tan \alpha \\ &= d(\sec \alpha \tan \alpha) - \sec \alpha \tan^2 \alpha \, d\alpha \\ &= d(\sec \alpha \tan \alpha) - \sec^3 \alpha \, d\alpha + \sec \alpha \, d\alpha \quad \leftarrow \quad \tan^2 \alpha = \sec^2 \alpha - 1 \end{aligned}$$

Portanto,

$$\sec^3 \alpha \, d\alpha = \frac{1}{2} d(\sec \alpha \tan \alpha) + \frac{1}{2} \sec \alpha \, d\alpha$$

5.4. INTEGRAIS   135

Pelo que vimos no exercício 15-o, quanto à integral da secante, temos

$$\int \sec^3 \alpha \, d\alpha = \frac{1}{2} \sec \alpha \tan \alpha + \frac{1}{2} \ln \left(\sec \alpha + \tan \alpha \right) + C$$

Voltando à variável inicial,

$$\int \sqrt{1 + u^2} \, du = \frac{1}{2} u \sqrt{1 + u^2} + \frac{1}{2} \ln \left(u + \sqrt{1 + u^2} \right) + C \qquad (5.45)$$

Seja, agora, substituição hiperbólica. A função apropriada é o seno hiperbó-lico. Considerando a relação (5.23), temos

$$u = \operatorname{senh} \alpha \quad \Rightarrow \quad 1 + u^2 = 1 + \operatorname{senh}^2 \alpha = \cosh^2 \alpha$$
$$du = \cosh \alpha \, d\alpha$$

A quantidade α é apenas uma nova variável de integração (não precisa ter rela-cionamento algum com a da substituição anteriror). Passamos para a integral,

$$I = \int \cosh^2 \alpha \, d\alpha$$

cuja solução pode ser obtida diretamente combinando (5.23) com

$$\cosh^2 \alpha + \operatorname{senh}^2 \alpha = \cosh 2\alpha$$

que é caso particular da segunda relação (5.24) para $\alpha = \beta$. Assim,

$$\int \cosh^2 \alpha \, d\alpha = \frac{1}{2} \int \left(1 + \cosh 2\alpha \right) d\alpha = \frac{1}{2} \alpha + \frac{1}{4} \operatorname{senh} 2\alpha + C$$

Voltando à variável u, obtém-se novamente (5.45), pois

$$e^\alpha = \operatorname{senh} \alpha + \cosh \alpha \quad \Rightarrow \quad \alpha = \ln \left(\operatorname{senh} \alpha + \cosh \alpha \right) = \ln \left(u + \sqrt{1 + u^2} \right)$$

Vamos concluir o exemplo. O cálculo do comprimento da parábola $y = 4 - x^2$ no trecho correspondente a $-2 \le x \le 2$ (mostrado na Figura 3.5) é o uso da relação acima para $u = 2x$

$$dl = \sqrt{(dx)^2 + (dy)^2}$$
$$\Rightarrow \quad l = 2 \int_0^2 \sqrt{1 + 4x^2} \, dx$$
$$= 2x \sqrt{1 + 4x^2} \, \Big|_0^2 + \ln \left(2x + \sqrt{1 + 4x^2} \right) \Big|_0^2$$
$$= 4 \sqrt{17} + \ln \left(4 + \sqrt{17} \right) \simeq 18,6$$

136   CAPÍTULO 5. FUNÇÕES EXPONENCIAL E LOGARÍTMICA

Notamos, na obtenção de (5.45), que a substituição hiperbólica levou a um trabalho menor que o caso trigonométrico. Nem sempre acontece. Depende do integrando. Quando a substituição leva a um resultado contendo apenas funções seno e cosseno (trigonométricas ou hiperbólicas) o trabalho geralmente é menor. Sugiro ao estudante resolver as integrais do exercício 22 por substituição hiperbólica (algumas já foram resolvidas por outros processos).

5.4.3 Mais uma integral

$$I = \int_{-\infty}^{+\infty} e^{-\alpha x^2} dx$$

Esta integral possui uma característica interessante. Não existe função alguma cuja derivada em relação a x dê $e^{-\alpha x^2}$. Entretanto, para os limites considerados, é possível resolvê-la (é um tipo de integral que aparece em muitos desenvolvimentos). Primeiramente, vamos reescrevê-la com outra variável (não muda nada),

$$I = \int_{-\infty}^{+\infty} e^{-\alpha y^2} dy$$

Multipliquemos os dois resultados,

$$I^2 = \int_{-\infty}^{+\infty} \int_{-\infty}^{+\infty} e^{-\alpha \left(x^2 + y^2\right)} dx\, dy$$

Como vemos, I^2 é uma integral de superfície por todo o plano xy. Passando para coordenadas polares, podemos resolvê-la com facilidade (é só reescrever $x^2 + y^2 = r^2$ e substituir o elemento de superfície $dx\, dy$ por $r\, dr\, d\theta$),

$$I^2 = \int_0^{2\pi} \int_0^{\infty} e^{-\alpha r^2} r\, dr\, d\theta$$

$$= -\frac{1}{2\alpha} \theta \Big|_0^{2\pi} e^{-\alpha r^2} \Big|_0^{\infty} = \frac{\pi}{\alpha}$$

Assim, temos a solução da integral apresentada no início,

$$\int_{-\infty}^{+\infty} e^{-\alpha x^2} dx = \sqrt{\frac{\pi}{\alpha}} \tag{5.46}$$

Fica como exercício mostrar que (exercício 23)

$$\int_{-\infty}^{+\infty} x^2 e^{-\alpha x^2} dx = \frac{1}{2\alpha} \sqrt{\frac{\pi}{\alpha}} \tag{5.47}$$

5.5 Função gama

É também chamada *função fatorial* pois corresponde à extensão do conceito usual de fatorial para qualquer número do campo real (e também para variáveis complexas). Já veremos. Sua definição envolve funções exponenciais e é dada por meio de uma integração

$$\Gamma(x) = \int_0^\infty t^x \, e^{-t} \, dt \tag{5.48}$$

Só a título de esclarecimento, observar que a variável t desaparece após a integral ser feita e seus limites substituídos. Poderíamos ter usado qualquer outra letra. O importante a ser notado é que o resultado é uma quantidade dependente de x (que se chama função gama).

Vejamos o porquê do nome função fatorial. Tomemos o integrando de (5.48) e o modifiquemos convenientemente (semelhante ao que já fizemos em várias oportunidades),

$$\begin{aligned} t^x \, e^{-t} \, dt &= -t^x \, d\left(e^{-t}\right) = -d\left(t^x \, e^{-t}\right) + e^{-t} \, d\left(t^x\right) \\ &= -d\left(t^x \, e^{-t}\right) + x \, t^{x-1} \, e^{-t} \, dt \end{aligned}$$

Temos, então, que $\Gamma(x)$ pode ser escrita como

$$\begin{aligned} \Gamma(x) &= -t^x \, e^{-t} \Big|_0^\infty + x \int_0^\infty t^{x-1} \, e^{-t} \, dt \\ &= x \, \Gamma(x-1) \end{aligned} \tag{5.49}$$

O resultado da primeira integral é nulo para ambos os limites. Na segunda, x pôde ser colocado fora da integral porque não é variável de integração. Também, pela definição da função gama, identificamos que a integral resultante é $\Gamma(x-1)$.

A relação (5.49) lembra o que vimos sobre fatorial, pois $\Gamma(x-1)$ pode ser escrita em termos de $\Gamma(x-2)$ e, assim, sucessivamente. Mais ainda, para valores inteiros de x ela reproduz os resultados conhecidos de $x!$. Primeiro, substituindo $x = 1$ em (5.48), temos

$$\Gamma(1) = \int_0^\infty t \, e^{-t} \, dt$$

Desenvolvamos o integrando como foi feito acima,

$$t \, e^{-t} \, dt = -t \, d\left(e^{-t}\right) = -d\left(t \, e^{-t}\right) + e^{-t} \, dt$$

Assim,

$$\Gamma(1) = -t \, e^{-t} \Big|_0^\infty - e^{-t} \Big|_0^\infty = 0 + 1 = 1$$

Usando-o em (5.49), obteríamos, sucessivamente,

$$\Gamma(2) = 2\,\Gamma(1) = 2 \times 1\,! = 2\,!$$
$$\Gamma(3) = 3\,\Gamma(2) = 3 \times 2\,! = 3\,!$$
$$\Gamma(4) = 4\,\Gamma(3) = 4 \times 3\,! = 4\,! \quad \text{etc.}$$

A função gama permite que se generalize o conceito de fatorial para qualquer número. Vejamos outros casos particulares. Comecemos com o fatorial de zero. Podemos diretamente verificar que $0\,! = 1$. Fazendo $x = 1$ em (5.49), obtemos

$$\Gamma(1) = 1\,\Gamma(0) \quad \Rightarrow \quad \Gamma(0) = 0\,! = 1$$

Seja, agora, $\Gamma(1/2)$. Temos de resolver a integral,

$$\Gamma(1/2) = \int_0^\infty t^{1/2}\,e^{-t}\,dt$$

Pode ser feita através da substituição $t = u^2$. O resultado é (exercício 24)

$$\Gamma(1/2) = \frac{1}{2}\,\sqrt{\pi}$$

E, assim, obtemos outros resultados,

$$\Gamma(3/2) = \frac{3}{2}\,\Gamma(1/2) = \frac{3}{4}\,\sqrt{\pi}$$
$$\Gamma(5/2) = \frac{5}{2}\,\Gamma(3/2) = \frac{15}{8}\,\sqrt{\pi} \quad \text{etc.}$$

E no setor negativo também,

$$\Gamma(1/2) = \frac{1}{2}\,\Gamma(-1/2) \quad \Rightarrow \quad \Gamma(-1/2) = \sqrt{\pi}$$
$$\Gamma(-1/2) = -\frac{1}{2}\,\Gamma(-3/2) \quad \Rightarrow \quad \Gamma(-3/2) = -2\,\sqrt{\pi} \quad \text{etc.}$$

Os fatoriais de números inteiros negativos são divergentes. Também pode ser visto diretamente. Seja n um número inteiro positivo,

$$\Gamma(x + n) = (x + n)\,(x + n - 1)\,\cdots\,(x + 1)\,\Gamma(x)$$
$$\Rightarrow \quad \Gamma(x) = \frac{\Gamma(x + n)}{(x + 1)\,(x + 2)\,\cdots\,(x + n)}$$

Verificamos que $\Gamma(x)$ é divergente para $x = -1, -2, \cdots, -n$. O gráfico de $\Gamma(x)$ versus x está esboçado na Figura 5.3.

5.6   Sobre a convergência de séries

Comecemos com uma série bem conhecida, relacionada à soma dos termos da progressão geométrica. É a chamada *série geométrica*. Sua condição de convergência servirá de referência para a convergência de outras séries.

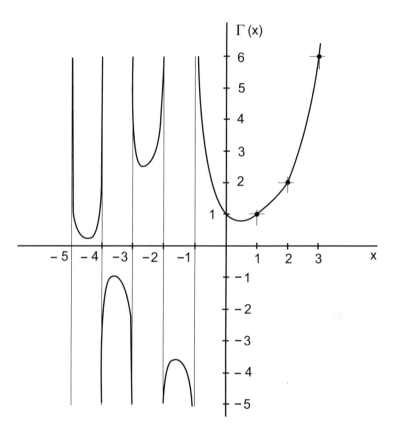

Figura 5.3: Gráfico da função gama

5.6.1 Série geométrica

Seja a série geométrica com n termos, cujo primeiro é a e a razão q,

$$S_n = a + a\,q + a\,q^2 + a\,q^3 + \cdots + a\,q^{n-1} \tag{5.50}$$

Se $q \geq 1$, a série nitidamente diverge para $n \to \infty$. Daqui em diante consideraremos $q < 1$.

Existe uma fórmula que dá esta soma. Não precisa. Sua obtenção pode ser feita de maneira tão interessante que seria uma pena perder a oportunidade. Coloquemos q em evidência,

$$S_n = a + q\left(a + a\,q + a\,q^2 + \cdots + a\,q^{n-2}\right)$$

Notamos que o termo entre parênteses é igual à soma anterior menos o último termo. Pronto, só isto é suficiente para obter S_n,

$$S_n = a + q\left(S_n - a\,q^{n-1}\right) \quad \Rightarrow \quad S_n = \frac{a\left(1 - q^n\right)}{1 - q} \tag{5.51}$$

Como estamos considerando $q < 1$, temos $q^n \to 0$ para $n \to \infty$. Assim, a soma dos infinitos termos fica

$$S = \frac{a}{1 - q} \tag{5.52}$$

Vemos, então, que a série geométrica é convergente para $q < 1$. Por exemplo, se $q = 1/2$, a soma dos infinitos termos é $2\,a$; se fosse $9/10$, seria $10\,a$.

5.6.2 Série harmônica

O resultado acima, para a série geométrica, pode nos levar à falsa conclusão de que séries com termos decrescentes são sempre convergentes. Não são. Um exemplo é a chamada *série harmônica*,

$$1 + \frac{1}{2} + \frac{1}{3} + \frac{1}{4} + \cdots + \frac{1}{n} + \cdots \tag{5.53}$$

Ela é divergente. Podemos verificar isto comparando-a com os termos de uma progressão geométrica de razão 1 (que sabemos ser divergente).

Seja, então, a progressão geométrica de razão 1 cujo primeiro termo é $1/2$,

$$\frac{1}{2} + \frac{1}{2} + \frac{1}{2} + \frac{1}{2} + \frac{1}{2} + \cdots$$

Vamos reescrevê-la convenientemente como,

$$\frac{1}{2} + \frac{1}{2} + \left[\frac{1}{4} + \frac{1}{4}\right] + \left[\frac{1}{8} + \frac{1}{8} + \frac{1}{8} + \frac{1}{8}\right] + \left[\frac{1}{16} + \cdots + \frac{1}{16}\right] + \cdots \tag{5.54}$$

5.6. SOBRE A CONVERGÊNCIA DE SÉRIES

em que a soma dos termos entre colchetes é $1/2$. Comparamos com os da série harmônica, também convenientemente agrupados por

$$1 + \frac{1}{2} + \left[\frac{1}{3} + \frac{1}{4}\right] + \left[\frac{1}{5} + \frac{1}{6} + \frac{1}{7} + \frac{1}{8}\right] + \left[\frac{1}{9} + \cdots + \frac{1}{16}\right] + \cdots \quad (5.55)$$

Notamos que os agrupamentos da série harmônica são maiores que os correspondentes da série geométrica (5.54), que é divergente. Portanto, (5.55) é divergente também.

5.6.3 Série p

Outra série importante como referência de convergência é a chamada *série p*,

$$1 + \frac{1}{2^p} + \frac{1}{3^p} + \frac{1}{4^p} + \cdots + \frac{1}{n^p} + \cdots \quad (5.56)$$

Notamos que $p = 1$ recai-se na série harmônica (divergente). Então, a série p é divergente para $p \leq 1$. Podemos mostrar que é convergente se $p > 1$.

De forma semelhante ao que foi feito na subseção anterior, agrupemos os termos de (5.56) convenientemente,

$$1 + \left[\frac{1}{2^p} + \frac{1}{3^p}\right] + \left[\frac{1}{4^p} + \frac{1}{5^p} + \frac{1}{6^p} + \frac{1}{7^p}\right] + \left[\frac{1}{8^p} \cdots + \frac{1}{15^p}\right] + \cdots$$

Para $p > 1$, esses termos são menores que os correspondentes da série

$$1 + \left[\frac{1}{2^p} + \frac{1}{2^p}\right] + \left[\frac{1}{4^p} + \frac{1}{4^p} + \frac{1}{4^p} + \frac{1}{4^p}\right] + \left[\frac{1}{8^p} \cdots + \frac{1}{8^p}\right] + \cdots$$

que é convergente, pois trata-se da série geométrica de razão $1/2^{p-1}$, que é < 1 para $p > 1$. Realmente,

$$\frac{1}{2^p} + \frac{1}{2^p} = \frac{2}{2^p} = \frac{1}{2^{p-1}}$$

E igualmente para os demais termos entre colchetes.

5.6.4 Critério geral de convergência

O que vimos sobre a convergência dessas três séries, harmônica, geométrica e a série p, permite tratar a questão da convergência de maneira mais geral.

Para haver possibilidade de convergência, é necessário que um termo qualquer seja menor que o anterior (caso contrário, seria naturalmente divergente). Entretanto, a razão entre eles, embora menor que 1, vai aumentando até certo

142   *CAPÍTULO 5. FUNÇÕES EXPONENCIAL E LOGARÍTMICA*

limite. Observemos, por exemplo, a série harmônica. A razão entre eles, começando com os dois primeiros, é

$$\frac{1/2}{1} = \frac{1}{2} = 0,50$$

$$\frac{1/3}{1/2} = \frac{2}{3} = 0,67$$

$$\frac{1/4}{1/3} = \frac{3}{4} = 0,75 \quad \text{etc.}$$

O limite dessas razões é

$$\lim_{n \to \infty} \frac{1/(n+1)}{1/n} = \lim_{n \to \infty} \frac{n}{n+1} = 1$$

Vimos que esta série é divergente, mas não é, necessariamente, porque o limite foi 1. Poderia ter este limite e ser convergente (já falaremos sobre isto). Agora, se o limite fosse menor que 1, poderíamos afirmar que a série é convergente. Vamos mostrar isto. Seja a série cujos termos são

$$u_1 + u_2 + u_3 + \cdots + u_n + \cdots \tag{5.57}$$

E que

$$\lim_{n \to \infty} \frac{u_{n+1}}{u_n} = q < 1$$

A razão entre dois outros termos quaisquer é menor, ou seja, $u_{n+1}/u_n < q$ (só o limite é igual a q). Construamos uma série geométrica cujo primeiro termo é u_1 e a razão q,

$$u_1 + u_1 q + u_1 q^2 + \cdots + u_1 q^n + \cdots$$

que é convergente, pois $q < 1$. Como cada termo é maior que o correspondente da série (5.57), podemos afirmar que ela é convergente também. Assim, obtivemos um critério importante de convergência, devido a D'Alembert. Se

$$\lim_{n \to \infty} \frac{u_{n+1}}{u_n} < 1 \tag{5.58}$$

A série é convergente.

Voltemos ao caso da série harmônica. Primeiramente, apliquemos o critério de D'Alembert à serie p,

$$\lim_{n \to \infty} \frac{1/n^p}{1/(n+1)^p} = \lim_{n \to \infty} \left(\frac{n+1}{n}\right)^p = 1^p = 1$$

Como vimos, esta série não é necessariamente divergente. Por isso é que não se pode associar o limite 1 à divergência da série harmônica. Quando o critério de D'Alembert fornece resultado 1, nada se pode afirmar sobre a convergência

5.7. EXERCÍCIOS

ou divergência da série. Neste caso, faz-se comparação entre os termos de séries conhecidas (convergentes ou divergentes), da mesma maneira como procedemos nas subseções anteriores.

Para concluir, apliquemos o critério à série exponencial dada por (5.18),

$$\lim_{n \to \infty} \frac{x^{n+1}/(n+1)!}{x^n/n!} = \lim_{n \to \infty} \frac{x}{n} = 0 \quad \text{para} \quad |x| < \infty$$

Naturalmente, as expansões de seno e cosseno, como são partes da expansão de e^x ocorrem para os mesmos valores.

Fica como exercício mostrar que a convergência da expansão logarítmica, relação (5.19), ocorre para $|x| < 1$ (exercício 25). Também, verificar a convergência da expansão binomial, relação (1.27) (exercício 26).

5.7 Exercícios

1 - A partir da relação (5.3), mostrar os valores particulares do logaritmo, dados por (5.4)-(5.6), bem como suas propriedades (5.7)-(5.9).

2* - Partindo da derivada da função logaritmo, dada por (5.14), obter a derivada da função exponencial, relação (5.16).

3* - Fazer primeiro a dedução de (5.16) e, depois, obter (5.14).

4 - Resolver as equações

a*) $e^{2x} + 3e^x - 4 = 0$ $\qquad$ b) $e^x + 2 - 35e^{-x} = 0$

c) $e^{4x} + 5e^{2x} - 14 = 0$

5 - Calcular as derivadas das seguintes funções,

a) $y = a^{x^2}$ $\qquad$ b) $y = a^{\sqrt{x}}$ $\qquad$ c) $y = x^{\sqrt{x}}$

d) $y = e^{\operatorname{sen} 3x}$ $\qquad$ e) $y = \operatorname{sen}\left(e^{x^2}\right)$ $\qquad$ f*) $y = \ln\left(\operatorname{sen} x\right)$

g) $y = \ln\left(\cos x\right)$ $\quad$ h*) $y = \ln\left(\sec x + \tan x\right)$ $\quad$ i) $y = e^{e^x}$

j) $y = x e^{-x}$ $\qquad$ k) $y = \ln\left(\tan x\right)$ $\qquad$ l) $y = \ln\left(\sec x\right)$

6 - Mostrar por indução que

$$\frac{d^n}{dx^n}\left(x e^x\right) = (x + n) e^x$$

7 - Obter a equação das tangentes às curvas

a) $y = e^{3x}$ $\qquad$ em $\quad x = 1$

b) $y = x e^x$ $\qquad$ em $\quad x = 2$

c) $y = x^2 e^{-x}$ $\quad$ em $\quad x = 1$

8 - Obter as expansões de e^x e $\ln(1 + x)$, dadas por (5.18) e (5.19).

9* - Usando as definições de seno e cosseno hiperbólicos, dadas por (5.22), mostrar que satisfazem a relação (5.23).

10* - Mostrar as relações (5.24).

11 - Idem para (5.25).

12 - Obter as derivadas (5.27).

13 - Calcular as derivadas de $\ln\left(\operatorname{sech} x + \tanh x\right)$ e $\ln\left(\operatorname{csch} x + \coth x\right)$.

14* - Usando a fórmula de Euler, escrever a solução do oscilador harmônico, dada por (5.35), em termos de seno e cosseno. Depois, redefinindo convenientemente os coeficientes, escrevê-la como aparece em (5.36).

15 - Calcular as integrais

a) $\displaystyle\int x\,e^x\,dx$ b*) $\displaystyle\int \ln x\,dx$ c) $\displaystyle\int \frac{e^x - e^{-x}}{e^x + e^{-x}}\,dx$

d) $\displaystyle\int e^x \operatorname{sen} e^x\,dx$ e) $\displaystyle\int \frac{e^x}{e^x + 1}\,dx$ f) $\displaystyle\int e^x \sqrt{e^x + 1}\,dx$

g) $\displaystyle\int \frac{1 + e^{2x}}{e^x}\,dx$ h) $\displaystyle\int x\,e^{-\sqrt{x}}\,dx$ i*) $\displaystyle\int x^3 \log x\,dx$

j) $\displaystyle\int \sqrt{x}\,\log x\,dx$ k) $\displaystyle\int e^x \operatorname{sen} x\,dx$ l) $\displaystyle\int \ln^2 x\,dx$

m) $\displaystyle\int \ln^3 x\,dx$ n*) $\displaystyle\int \tan x\,dx$ o*) $\displaystyle\int \sec x\,dx$

16 - Obter a expressão $y(t)$ dada por (5.43).

17 - Um corpo de massa m move-se horizontalmente sob ação apenas da força de atrito viscoso $-b\,\vec{v}$ (veja, por favor, a Figura 5.4). Considerando que $v = V$ em $t = 0$, calcular $v(t)$, $x(t)$ e a distância percorrida até parar.

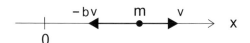

Figura 5.4: Exercício 17

18 - Obter $v(x)$ no exercício anterior combinando os resultados obtidos para eliminar o tempo. Também, fazer o mesmo mas a partir da segunda lei de Newton, com a eliminação da dependência temporal através da derivada de função de função. Confirmar o valor da distância percorrida.

19* - Considerar o mesmo dispositivo da Figura 5.4 incluindo a força de atrito cinético. Calcular $v(t)$, $x(t)$, o tempo de movimento e a distância percorrida até parar.

20* - Calcular a distância percorrida pelo corpo do exercício anterior partindo da segunda lei de Newton sem dependência temporal.

5.7. EXERCÍCIOS

21 - Usando o mesmo procedimento, obter o relacionamento entre v e y do exemplo discutido na Subseção 5.4.1.

22 - Resolver as integrais através de susbstituições hiperbólicas (algumas são conhecidas e já foram resolvidas por outros processos).

a) $\displaystyle\int \sqrt{x^2-1}\ dx$ b) $\displaystyle\int x\sqrt{x^2+1}\ dx$ c) $\displaystyle\int x^3\sqrt{x^2+1}\ dx$

d) $\displaystyle\int \frac{x}{\sqrt{x^2+1}}\ dx$ e*) $\displaystyle\int \frac{x}{\sqrt{x^2-1}}\ dx$ f) $\displaystyle\int \frac{x^3}{\sqrt{x^2+1}}\ dx$

g) $\displaystyle\int \frac{x^2}{\sqrt{x^2-1}}\ dx$ h) $\displaystyle\int x^2\sqrt{x^2+1}\ dx$

23* - Mostrar que

$$\int_{-\infty}^{+\infty} x^2\, e^{-\alpha x^2} dx = \frac{1}{2\,\alpha}\sqrt{\frac{\pi}{\alpha}}$$

24 - Mostrar que

$$\Gamma\left(1/2\right) = \frac{1}{2}\sqrt{\pi}$$

25* - Verificar a convergência da expansão de $\ln\left(1+x\right)$, dada por (5.19).

26 - Idem para a expansão binomial, relação (1.27).

Apêndice A

Vetores

Neste apêndice será apresentada uma breve revisão de vetores. O objetivo principal é ajudar o desenvolvimento de alguns tópicos do texto. Aproveitaremos para fazer a dedução de relações trigonométricas. No final há, também, uma lista de exercícios.

A.1 Conceitos iniciais

Veremos, principalmente, a adição de vetores, multiplicação de vetor por um escalar e conceito de vetor unitário.

A.1.1 Adição de vetores

Seja a adição dos vetores $\vec{A}$ e $\vec{B}$, dando o vetor $\vec{R}$, que é chamado *resultante* entre $\vec{A}$ e $\vec{B}$ (esta soma aparece ilustrada na Figura A.1),

$$\vec{R} = \vec{A} + \vec{B} \tag{A.1}$$

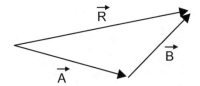

Figura A.1: Adição de vetores

Diretamente, observamos que a soma vetorial não é similar à soma algébrica (pois o módulo de $\vec{R}$ não é necessariamente igual à soma dos módulos de $\vec{A}$ e $\vec{B}$). Entretanto, possui as mesmas propriedades associativa e comutativa,

$$(\vec{A} + \vec{B}) + \vec{C} = \vec{A} + (\vec{B} + \vec{C}) \quad \text{(associatividade)} \tag{A.2}$$

$$\vec{A} + \vec{B} = \vec{B} + \vec{A} \quad \text{(comutavividade)} \tag{A.3}$$

A.1.2 Multiplicação do vetor por um escalar

O produto do vetor $\vec{a}$ pela quantidade escalar λ, leva ao vetor $\vec{A}$,

$$\vec{A} = \lambda \vec{a} \tag{A.4}$$

que possui a mesma direção de $\vec{a}$. Seu sentido será o mesmo se λ for positivo; e contrário, se negativo. O módulo de $\vec{A}$ é λ vezes o de $\vec{a}$. Um exemplo é mostrado na Figura A.2.

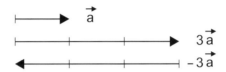

Figura A.2: Multiplicação do vetor por um escalar

A.1.3 Conceito de unitário

Podemos representar um vetor $\vec{A}$ qualquer através do seu unitário, vetor de mesmo sentido e com módulo 1,

$$\vec{A} = A\,\hat{u} \tag{A.5}$$

em que A é o módulo de $\vec{A}$, ou $A = |\vec{A}|$, e $\hat{u}$ é o vetor unitário (denotaremos vetor unitário por um chapéu). Como vemos em (A.5), de fato $|\hat{u}| = 1$. A Figura A.3 ilustra o que foi dito.

Figura A.3: Representação do vetor por seu unitário

A multiplicação entre vetores ficará para Seção A.2. Vejamos, agora, a decomposição do vetor em componentes ortogonais.

A.1.4 Vetor em componentes ortogonais

Tomemos o sistema de eixos ortogonais x, y e z. Consideremos $\hat{i}$, $\hat{j}$ e $\hat{k}$ os respectivos unitários para vetores ao longo desses eixos. A Figura A.4 mostra a decomposição do vetor $\vec{A}$, que é a resultante entre $\vec{A}_x$, $\vec{A}_y$ e $\vec{A}_z$,

$$\begin{aligned} \vec{A} &= \vec{A}_x + \vec{A}_y + \vec{A}_z \\ &= A_x \hat{i} + A_y \hat{j} + A_z \hat{k} \end{aligned} \tag{A.6}$$

Pelos dados que estão na figura, temos

A.2. PRODUTOS ESCALAR E VETORIAL

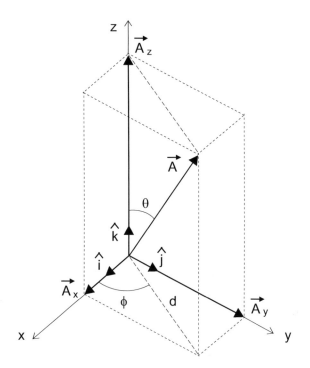

Figura A.4: Vetor decomposto em eixos ortogonais

$$A_x = A \operatorname{sen} \theta \cos \phi$$
$$A_y = A \operatorname{sen} \theta \operatorname{sen} \phi$$
$$A_z = A \cos \theta \qquad (A.7)$$

Como $\vec{A}$ é a diagonal do paralelepípedo formado por $\vec{A}_x$, $\vec{A}_y$ e $\vec{A}_z$, podemos diretamente escrever o módulo de $\vec{A}$ através dos módulos das componentes (uso do teorema de Pitágoras duas vezes),

$$\begin{aligned} A^2 &= d^2 + A_z^2 \\ &= A_x^2 + A_y^2 + A_z^2 \end{aligned} \qquad (A.8)$$

Caso o estudante não tenha familiaridade com o que foi apresentado, sugiro resolver os exercícios 1 - 7.

A.2 Produtos escalar e vetorial

Sejam dois vetores $\vec{A}$ e $\vec{B}$ fazendo um ângulo θ entre si, como mostra a Figura A.5. O *produto escalar* entre eles, que denotaremos por $\vec{A} \cdot \vec{B}$, é a quantidade escalar definida por

$$\vec{A} \cdot \vec{B} = AB \cos\theta \qquad (A.9)$$

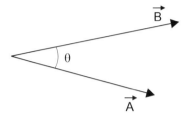

Figura A.5: Vetores $\vec{A}$ e $\vec{B}$ fazendo um ângulo θ entre si.

Já o *produto vetorial*, que escreveremos $\vec{A} \times \vec{B}$, é um vetor.[1] Seu módulo é

$$|\vec{A} \times \vec{B}| = AB \operatorname{sen}\theta \qquad (A.10)$$

e o sentido é o que aparece na Figura A.6, perpendicular aos vetores $\vec{A}$ e $\vec{B}$ (a notação mostrada na figura significa esta perpendicularidade). $\vec{B} \times \vec{A}$ possui sentido contrário.

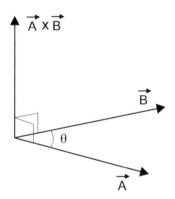

Figura A.6: Sentido de $\vec{A} \times \vec{B}$

Por essas definições, temos que o produto escalar é comutativo; e o vetorial, anticomutativo. Ambos satisfazem à propriedade de distributividade em relação à soma. Em resumo,

$$\vec{A} \cdot \vec{B} = \vec{B} \cdot \vec{A}$$
$$\vec{A} \times \vec{B} = -\vec{B} \times \vec{A}$$
$$\vec{A} \cdot \left(\vec{B} + \vec{C}\right) = \vec{A} \cdot \vec{B} + \vec{A} \cdot \vec{C}$$
$$\vec{A} \times \left(\vec{B} + \vec{C}\right) = \vec{A} \times \vec{B} + \vec{A} \times \vec{C} \qquad (A.11)$$

---

[1] Na verdade, é um pseudovetor pois $\vec{A} \times \vec{B}$ não muda de sinal quando os eixos coordenados são invertidos.

A.2. PRODUTOS ESCALAR E VETORIAL

A partir das definições e propriedades acima, façamos algumas observações.

(i) Pela definição de produto escalar, relação (A.9), vemos que ele é zero quando um dos vetores possuir módulo zero (como o produto dos números reais), mas é zero, também, quando os vetores forem perpendiculares. Já o produto vetorial é nulo se os vetores forem paralelos (além do caso de módulo zero).

(ii) O módulo de um vetor pode ser escrito diretamente através do produto escalar. Por exemplo, para o módulo do vetor $\vec{V}$,

$$V = \left(\vec{V} \cdot \vec{V}\right)^{1/2} \tag{A.12}$$

(iii) A projeção de um vetor $\vec{V}$ em certo eixo u é $V\cos\theta = \vec{V} \cdot \hat{u}$ (veja, por favor, a Figura A.7), ou seja, basta multiplicá-lo escalarmente pelo unitário correspondente ao eixo. Vetorialmente, chamando-a de $\vec{V}_u$, teríamos

$$\vec{V}_u = \left(\vec{V} \cdot \hat{u}\right) \hat{u} \tag{A.13}$$

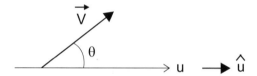

Figura A.7: Vetor $\vec{V}$ fazendo um ângulo θ com o eixo u

(iv) Sejam os vetores $\vec{A}$ e $\vec{B}$ em termos de suas componentes ortogonais,

$$\vec{A} = A_x\,\hat{i} + A_y\,\hat{j} + A_z\,\hat{k}$$
$$\vec{B} = B_x\,\hat{i} + B_y\,\hat{j} + B_z\,\hat{k}$$

Considerando os produtos escalar e vetorial entre os unitários, $\hat{i}\cdot\hat{i} = 1$, $\hat{i}\cdot\hat{j} = 0$, $\hat{i} \times \hat{j} = \hat{k}$, $\hat{i} \times \hat{i} = 0$ etc., podemos expressar $\vec{A} \cdot \vec{B}$ e $\vec{A} \times \vec{B}$ como (exercício 8)

$$\vec{A} \cdot \vec{B} = A_x\,B_x + A_y\,B_y + A_z\,B_z \tag{A.14}$$
$$\vec{A} \times \vec{B} = (A_yB_z - A_zB_y)\,\hat{i} + (A_zB_x - A_xB_z)\,\hat{j} + (A_xB_y - A_yB_x)\,\hat{k} \tag{A.15}$$

Esta última também costuma ser apresentada pelo determinante,

$$\vec{A} \times \vec{B} = \det \begin{vmatrix} \hat{i} & \hat{j} & \hat{k} \\ A_x & A_y & A_z \\ B_x & B_y & B_z \end{vmatrix} \tag{A.16}$$

Sugiro ao estudante fazer, além do exercício 8, os de número 9 - 23.

A.2.1 Demonstração de algumas relações trigonométricas

Utilizaremos as definições de produtos escalar e vetorial, bem como suas propriedades, para demonstrar algumas relações trigonométricas.

Lei dos cossenos

Seja um triângulo qualquer de lados a, b e c, como o mostrado na Figura A.8. As relações que correspondem à lei dos cossenos são

$$a^2 = b^2 + c^2 - 2bc\cos\alpha$$
$$b^2 = a^2 + c^2 - 2ac\cos\beta$$
$$c^2 = a^2 + b^2 - 2ab\cos\gamma \qquad (A.17)$$

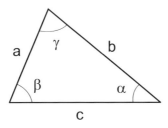

Figura A.8: Triângulo qualquer de lados a, b e c.

em que o teorema de Pitágoras é um caso particular, quando um dos ângulos for $90°$. Vamos demonstrá-las. Reescrevamos o mesmo triângulo substituindo os lados por vetores, como aparece na Figura A.9. Pela orientação escolhida,

$$\vec{c} = \vec{a} + \vec{b} \qquad (A.18)$$

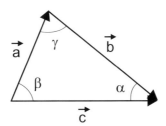

Figura A.9: Triângulo através dos vetores $\vec{a}$, $\vec{b}$ e $\vec{c}$

Para demonstrar a primeira relação, multipliquemos escalarmente ambos os lados por $\vec{a}$ e façamos alguns (poucos) desenvolvimentos,

$$\vec{c}\cdot\vec{a} = \vec{a}\cdot\vec{a} + \vec{b}\cdot\vec{a} \;\Rightarrow\; a^2 = (\vec{b}-\vec{c})\cdot\vec{a}$$
$$\Rightarrow\; a^2 = (\vec{b}-\vec{c})\cdot(\vec{b}-\vec{c})$$
$$\Rightarrow\; a^2 = b^2 + c^2 - 2\vec{b}\cdot\vec{c}$$
$$\Rightarrow\; a^2 = b^2 + c^2 - 2bc\cos\alpha$$

que é a primeira relação (A.17). Multiplicando por $\vec{b}$ e $\vec{c}$, e seguindo procedimento semelhante, obteremos as outras duas (exercício 24).

A.2. PRODUTOS ESCALAR E VETORIAL

Lei dos senos

Para o mesmo triângulo da Figura A.8, a relação geral correspondente à lei dos senos é

$$\frac{a}{\operatorname{sen}\alpha} = \frac{b}{\operatorname{sen}\beta} = \frac{c}{\operatorname{sen}\gamma} \qquad (A.19)$$

cuja demonstração é obtida multiplicando-se a relação (A.18) vetorialmente por $\vec{a}$, $\vec{b}$ e $\vec{c}$. Comecemos com a multiplicação por $\vec{a}$,

$$\vec{c} \times \vec{a} = \vec{a} \times \vec{a} + \vec{b} \times \vec{a} \;\Rightarrow\; c\,a\,\operatorname{sen}\beta\,\hat{k} = 0 + b\,a\,\operatorname{sen}\left(180° - \gamma\right)\hat{k}$$
$$\Rightarrow\; c\,\operatorname{sen}\beta = b\,\operatorname{sen}\gamma$$
$$\Rightarrow\; \frac{c}{\operatorname{sen}\gamma} = \frac{b}{\operatorname{sen}\beta}$$

em que $\hat{k}$ é o unitário perpendicular apontando para fora da página. As demais são obtidas multiplicando-se vetorialmente por $\vec{b}$ e $\vec{c}$ (exercício 25).

Cosseno da adição e subtração de arcos

Consideremos dois vetores $\vec{a}$ e $\vec{b}$ fazendo um ângulo θ entre si, como mostra a primeira Figura A.10. Vamos reescrevê-lo através da soma ou subtração de dois outros ângulos. Veja, por favor, a segunda figura, em que $\theta = \alpha - \beta$ (no resultado final, obtém-se o cosseno da adição simplesmente substituindo β por $-\beta$). Caso quiséssemos escrever o ângulo θ como adição de dois ângulos, bastaria passar o eixo x entre os vetores $\vec{a}$ e $\vec{b}$.

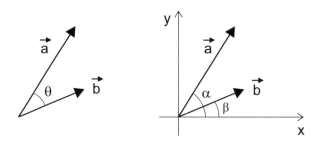

Figura A.10: Subtração de arcos

Pela definição de produto escalar, diretamente temos

$$\vec{a} \cdot \vec{b} = a\,b\,\cos(\alpha - \beta)$$

Por outro lado, escrevendo $\vec{a}$ e $\vec{b}$ em termos de suas componentes ortogonais e considerando o produto escalar entre os unitários, também temos

$$\begin{aligned}\vec{a} \cdot \vec{b} &= \left(a\cos\alpha\,\hat{\imath} + a\operatorname{sen}\alpha\,\hat{\jmath}\right) \cdot \left(b\cos\beta\,\hat{\imath} + b\operatorname{sen}\beta\,\hat{\jmath}\right)\\ &= a\,b\left(\cos\alpha\cos\beta + \operatorname{sen}\alpha\operatorname{sen}\beta\right)\end{aligned}$$

Comparando com a relação anterior, vemos que

$$\cos(\alpha - \beta) = \cos\alpha\,\cos\beta + \text{sen}\,\alpha\,\text{sen}\,\beta \qquad (A.20)$$

Como foi mencionado, trocando β por $-\beta$, obtém-se a relação para $\cos(\alpha+\beta)$,

$$\begin{aligned}\cos(\alpha + \beta) &= \cos\alpha\,\cos(-\beta) + \text{sen}\,\alpha\,\text{sen}\,(-\beta)\\ &= \cos\alpha\,\cos\beta - \text{sen}\,\alpha\,\text{sen}\,\beta \qquad (A.21)\end{aligned}$$

As relações para $\text{sen}\,(\alpha - \beta)$ e $\text{sen}\,(\alpha + \beta)$ também podem ser obtidas das relações acima tomando, por exemplo, $\text{sen}\,(\alpha + \beta) = \cos(90° - \alpha - \beta)$ (exercício 26). Vamos obtê-las a seguir através do produto vetorial.

Seno da adição e subtração de arcos

Os passos são análogos, só que usaremos o produto vetorial em lugar do escalar. Então, pela definição de produto vetorial,

$$\vec{a} \times \vec{b} = -a\,b\,\text{sen}\,(\alpha - \beta)\,\hat{k}$$

O sinal negativo é porque $\vec{a} \times \vec{b}$ está apontando perpendicularmente para dentro do plano da folha (e o unitário $\hat{k}$, para fora). Usando $\vec{a}$ e $\vec{b}$ através de suas componentes, e tendo em conta a orientação do unitário $\hat{k}$, vem

$$\begin{aligned}\vec{a} \times \vec{b} &= \left(a\,\cos\alpha\,\hat{\imath} + a\,\text{sen}\,\alpha\,\hat{\jmath}\right) \times \left(b\,\cos\beta\,\hat{\imath} + b\,\text{sen}\,\beta\,\hat{\jmath}\right)\\ &= a\,b\left(\cos\alpha\,\text{sen}\,\beta - \text{sen}\,\alpha\,\cos\beta\right)\hat{k}\end{aligned}$$

Pela comparação entre os dois resultados, vemos que

$$\text{sen}\,(\alpha - \beta) = \text{sen}\,\alpha\,\cos\beta - \text{sen}\,\beta\,\cos\alpha \qquad (A.22)$$

Também, trocando β por $-\beta$,

$$\begin{aligned}\text{sen}\,(\alpha + \beta) &= \text{sen}\,\alpha\,\cos(-\beta) - \text{sen}\,(-\beta)\,\cos\alpha\\ &= \text{sen}\,\alpha\,\cos\beta + \text{sen}\,\beta\,\cos\alpha \qquad (A.23)\end{aligned}$$

A.3 Exercícios

1* - Mostrar que a reta ligando os pontos médios de dois lados de um triângulo qualquer é paralela ao terceiro lado e igual à sua metade.

2 - Mostrar que ligando os pontos médios de dois lados consecutivos de um quadrilátero qualquer, a figura resultante é um paralelogramo.

Obs: Este problema é mais geral. O paralelogramo é obtido mesmo que os quatro pontos não estejam no plano (quatro pontos genéricos do espaço).

A.3. EXERCÍCIOS

3 - Seja O um ponto qualquer no interior do triângulo ABC. Os pontos P, Q e R dividem ao meio os lados AB, BC e CA, respectivamente. Mostrar que $\overrightarrow{OA} + \overrightarrow{OB} + \overrightarrow{OC} = \overrightarrow{OP} + \overrightarrow{OQ} + \overrightarrow{OR}$. Esta igualdade persiste se o ponto O for exterior ao triângulo?

4 - Sejam $\vec{A} = \hat{i} + 4\hat{j} - 5\hat{k}$, $\vec{B} = 3\hat{i} - 2\hat{j} - 3\hat{k}$ e $\vec{C} = 4\hat{i} - 2\hat{j} - 3\hat{k}$. Obter:

a) $\vec{A} + \vec{B} + \vec{C}$ (resultante entre os vetores $\vec{A}$, $\vec{B}$ e $\vec{C}$);

b) $\vec{A} - \vec{B} + \vec{C}$ (resultante entre os vetores $\vec{A}$, $-\vec{B}$ e $\vec{C}$);

c) o módulo de $\vec{A}$;

d) o módulo de $\vec{B}$;

e) o módulo de $\vec{A} + \vec{B}$;

f) os ângulos formados por $\vec{A}$ com os eixos x, y e z;

g) o vetor unitário paralelo à resultante entre $\vec{A}$ e $\vec{B}$;

5* - Usando vetores, obter a distância entre os pontos $P = (4, 5, -7)$ e $Q = (-3, 6, -12)$.

6 - Um carro percorre $50\,km$ para leste e, depois, $30\,km$ para nordeste. Considerando o eixo x orientado para leste e y para o norte, obter o vetor deslocamento.

7 - Um carro descreve a trajetória representada na Figura A.11, indo de D para A. Escrever em termos dos unitários $\hat{i}$ e $\hat{j}$ os vetores posição dos pontos A, B, C e D, bem como os deslocamentos entre D e C, C e B, B e A, e D e A.

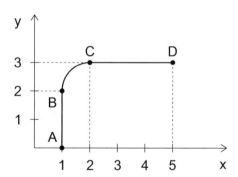

Figura A.11: Exercício 7

8 - Obter as relações (A.14) e (A.15). Verificar a compatibilidade de (A.15) com (A.16).

9 - Os itens a seguir referem-se aos mesmos vetores do exercício 4.

a) Obter $\vec{A} \cdot \vec{B}$, $\vec{A} \cdot \vec{C}$ e verificar a propriedade distributiva.

b) Idem para $\vec{A} \times \vec{B}$ e $\vec{A} \times \vec{C}$.

c) Qual a projeção do vetor $\vec{C}$ sobre $\vec{A} + \vec{B}$?

156   APÊNDICE A. VETORES

d) Idem para $\vec{A} \times \vec{B}$ sobre $\vec{C}$.

e) Qual o ângulo entre $\vec{A} \times \vec{B}$ e $\vec{C}$?

10 - Determinar o valor de m tal que $\vec{a} = 2\hat{\imath} + m\hat{\jmath} + \hat{k}$ e $\vec{b} = 4\hat{\imath} - 2\hat{\jmath} - 2\hat{k}$ sejam perpendiculares.

11 - Mostrar que os vetores $\vec{a} = 3\hat{\imath} - 2\hat{\jmath} + \hat{k}$, $\vec{b} = \hat{\imath} - 3\hat{\jmath} + 5\hat{k}$ e $\vec{c} = 2\hat{\imath} + \hat{\jmath} - 4\hat{k}$ formam um triângulo e, também, que é retângulo.

12 - Dados $\vec{a} = 3\hat{\imath} - \hat{\jmath} + \hat{k}$ e $\vec{b} = \hat{\imath} - 2\hat{\jmath} - \hat{k}$, calcular $\vec{a} \times \vec{b}$. Confirmar que $\vec{a} \times \vec{b}$ é perpendicular a $\vec{a}$ e $\vec{b}$ mostrando que $\left(\vec{a} \times \vec{b} \right) \cdot \vec{a} = 0$ e $\left(\vec{a} \times \vec{b} \right) \cdot \vec{b} = 0$.

13 - Se $\vec{a} = 2\hat{\imath} + \hat{\jmath} - 3\hat{k}$ e $\vec{b} = \hat{\imath} - 2\hat{\jmath} + \hat{k}$, achar um vetor que tenha módulo 5 que seja perpendicular a $\vec{a}$ e $\vec{b}$.

14 - Calcular o ângulo formado pelas retas $\overline{AB}$ e $\overline{AC}$ em que as coordenas dos pontos A, B e C são $A\,(0, 0, 2)$, $B\,(3, 4, -2)$ e $C\,(-1, 1, 0)$.

15* - Mostrar que qualquer triângulo inscrito num semicírculo é retângulo, sendo o diâmetro a sua hipotenusa.

16* - Mostrar que as diagonais do losango são perpendiculares.

17* - Obter o ângulo formado pelas diagonais internas de um cubo.

18 - Sejam três pontos do espaço, $(1, 1, 1)$, $(1, -1, 2)$ e $(-1, 2, -1)$. Achar o vetor unitário perpendicular ao plano formado por eles.

19* - Idem em relação ao plano $x + 2y - z = 3$.

20 - Achar a equação do plano perpendicular ao vetor $\vec{V} = \hat{\imath} + 2\,\hat{\jmath} - \hat{k}$ e que passa pelo ponto $P\,(-1, 0, 2)$.

21 - Obter a equação do plano paralelo aos vetores $\vec{A} = \hat{\imath} + 2\hat{\jmath} - \hat{k}$ e $\vec{B} = -\hat{\imath} - \hat{\jmath} + 4\,\hat{k}$ e que passa pelo ponto $P\,(1, 0, -1)$.

22* - Obter a equação da reta que passa pelo ponto $P\,(1, 2)$ e é perpendicular à reta $y = 2\,x - 1$.

23* - Obter a distância de $P\,(1, 2, -1)$ ao plano $x + 2y - z = 4$.

24* - Obter as demais relações (A.17).

25 - Idem para (A.19).

26* - Usando (A.20), obter $\operatorname{sen}\,(\alpha + \beta)$ partindo de $\cos\,(90° - \alpha - \beta)$.

Apêndice B

Demonstrações do teorema de Pitágoras

Faremos três demonstrações. A primeira apoiada diretamente na equivalência de áreas; a segunda, partindo das definições de seno e cosseno; e a última, usando produto escalar de vetores.

B.1 Primeira demonstração

Sejam dois quadrados de lados b e c, dispostos como mostra a primeira Figura B.1 Cortemos, no quadrado maior, uma fatia correspondente ao triângulo retângulo de catetos b e c (hipotenusa a), como aparece na segunda figura. Vamos transportá-la para a face superior do mesmo quadrado. A terceira figura mostra o resultado, bem como o corte de um novo triângulo retângulo, idêntico ao primeiro, a ser transportado para a posição mostrada na própria figura.

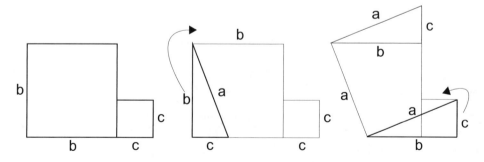

Figura B.1: Quadrados de lados b e c

O resultado desta última transposição, está na Figura B.2, mostrando o quadrado de lado a, cuja área é igual à soma das áreas dos quadrados iniciais.

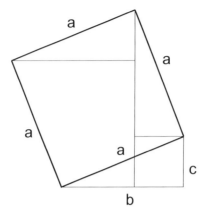

Figura B.2: Obtenção do quadrado de lado a

B.2 Segunda demonstração

Tomemos o triângulo retângulo ABC mostrado da Figura B.3 (hipotenusa a e catetos b e c). A linha tracejada unindo o vértice C ao ponto D é perpendicular à hipotenusa (formando dois outros triângulos retângulos cujas hipotenusas são os catetos do triângulo inicial). A igualdade dos ângulos α deve-se à perpendicularidade dos lados $\overline{AB}$ com $\overline{CD}$ e $\overline{AC}$ com $\overline{BC}$.

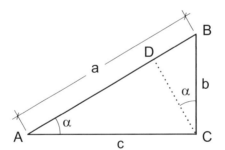

Figura B.3: Triângulos retângulos semelhantes

Vamos escrever a hipotenusa a em termos dos catetos através da semelhança dos triângulos formados. Primeiramente, temos que

$$a = \overline{AD} + \overline{DB}$$

Pelas definições de seno e cosseno,

$$\operatorname{sen}\alpha = \frac{b}{a} = \frac{\overline{BD}}{b} \quad \leftarrow \quad \text{(triângulos } ABC \text{ e } BCD\text{)}$$
$$\cos\alpha = \frac{c}{a} = \frac{\overline{AD}}{c} \quad \leftarrow \quad \text{(triângulos } ABC \text{ e } ACD\text{)}$$

Substituindo $\overline{AD}$ e $\overline{BD}$, obtidos dessas relações, na expressão inicial, vem

$$a = \frac{c^2}{a} + \frac{b^2}{a} \quad \Rightarrow \quad a^2 = b^2 + c^2$$

B.3 Terceira demonstração

Consideremos o triângulo retângulo de hipotenusa a e catetos b e c, como mostra a primeira Figura B.4. A segunda é a substituição de seus lados por vetores (os sentidos são arbitrários). Pela orientação escolhida, temos

$$\vec{a} = \vec{b} + \vec{c}$$

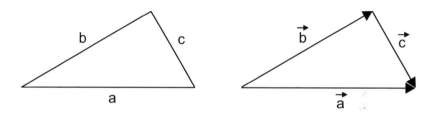

Figura B.4: Lados do triângulo retângulo substituídos por vetores

Multipliquemos escalarmente ambos os lados da igualdade acima por $\vec{a}$ e façamos alguns desenvolvimentos,

$$\vec{a} \cdot \vec{a} = \left(\vec{b} + \vec{c}\right) \cdot \vec{a} \;\Rightarrow\; a^2 = \left(\vec{b} + \vec{c}\right) \cdot \left(\vec{b} + \vec{c}\right)$$
$$\Rightarrow\; a^2 = b^2 + c^2$$

Na última passagem usou-se $\vec{b} \cdot \vec{c} = 0$ (pois $\vec{b}$ e $\vec{c}$ são perpendiculares).

Apêndice C

Resolução de alguns exercícios

Exercício 1.1 - c

Como $x = 2$ é raiz da função que está no numerador, vamos reescrevê-la através do fator $(x - 2)$. É bem simples. O primeiro termo do segundo fator deve ser x para gerar o x^2; o segundo, -3 para gerar o 6 (o termo $-5x$ será gerado automaticamente pois 2 e 3 são raízes),

$$x^2 - 5\,x + 6 = (x - 2)(x - 3)$$

Assim,

$$\lim_{x \to 2} \frac{x^2 - 5x + 6}{x - 2} = \lim_{x \to 2} \frac{(x - 2)(x - 3)}{x - 2}$$
$$= \lim_{x \to 2} (x - 3) = -1$$

Poderíamos fazer, também, através da mudança de variável $x - 2 = u$,

$$\lim_{x \to 2} \frac{x^2 - 5x + 6}{x - 2} = \lim_{u \to 0} \frac{(u + 2)^2 - 5\,(u + 2) + 6}{u}$$
$$= \lim_{u \to 0} \frac{4u - 5u}{u} = -1$$

Exercício 1.1 - i

Vamos fazer a mudança de variável para que a nova tenda a zero. Assim, substituindo $x - 2$ por u, temos

$$\lim_{x \to 2} \frac{(x - 1)^5 - 1}{x - 2} = \lim_{u \to 0} \frac{(u + 1)^5 - 1}{u}$$

162   *APÊNDICE C. RESOLUÇÃO DE ALGUNS EXERCÍCIOS*

Como $u \to 0$, façamos o desenvolvimento de $(u+1)^5$ desprezando u^2, u^3 etc. Poderíamoa usar diretamente a expansão binomial mas, como ainda não fomos apresentados a ela, façamos em alguns passos,

$$
\begin{aligned}
(u+1)^5 &= (u+1)^2 (u+1)^2 (u+1) \\
&\simeq (2u+1)(2u+1)(u+1) \\
&\simeq (4u+1)(u+1) \\
&\simeq 5u+1
\end{aligned}
$$

Substituindo na expressão inicial, vemos que o limite é 5.

Exercício 1.2

$$
\begin{aligned}
y' &= \lim_{\Delta x \to 0} \frac{(x-3+\Delta x)^2 (x+\Delta x) - (x-3)^2 x}{\Delta x} \\
&= \lim_{\Delta x \to 0} \frac{\left[(x-3)^2 + 2(x-3)\Delta x\right](x+\Delta x) - (x-3)^2 x}{\Delta x} \\
&= \lim_{\Delta x \to 0} \frac{(x-3)^2 \Delta x + 2(x-3)x \Delta x}{\Delta x} = 3(x-1)(x-3)
\end{aligned}
$$

Para a segunda derivada, temos,

$$
\begin{aligned}
y'' &= \lim_{\Delta x \to 0} \frac{3(x-1+\Delta x)(x-3+\Delta x) - 3(x-1)(x-3)}{\Delta x} \\
&= \lim_{\Delta x \to 0} \frac{3(x-1)\Delta x + 3(x-3)\Delta x}{\Delta x} = 6(x-2)
\end{aligned}
$$

Exercício 1.5

$$
\begin{aligned}
y' &= \lim_{\Delta x \to 0} \frac{a(x+\Delta x)^2 + b(x+\Delta x) + c - ax^2 - bx - c}{\Delta x} \\
&= \lim_{\Delta x \to 0} \frac{2ax\,\Delta x + b\,\Delta x}{\Delta x} = 2ax + b
\end{aligned}
$$

Então, a parábola passa por máximo ou mínimo em

$$
y' = 0 \quad \Rightarrow \quad x = -\frac{b}{2a}
$$

Um resultado que talvez seja bem conhecido do estudante. Para saber se corresponde a máximo ou mínimo, temos de verificar a inclinação da curva antes e depois de $x = -b/2a$. Podemos usar, também, a derivada segunda que, no caso, é bem simples, igual a $2a$. Assim, pelo que vimos no primeiro exemplo da Subseção 1.2.2, se $a > 0$ a curva passa por mínimo em $x = -b/2a$; se $a < 0$, por máximo. Notamos que correspondem aos casos particulares dos exercícios 3 e 4.

Exercício 1.6 - c

$$\begin{aligned}
y' &= \lim_{\Delta x \to 0} \frac{(x+\Delta x+1)^2(x+\Delta x-2)-(x+1)^2(x-2)}{\Delta x}\\
&= \lim_{\Delta x \to 0} \frac{\left[(x+1)^2+2(x+1)\Delta x\right](x+\Delta x-2)-(x+1)^2(x-2)}{\Delta x}\\
&= \lim_{\Delta x \to 0} \frac{(x+1)^2\Delta x+2(x+1)(x-2)\Delta x}{\Delta x}\\
&= (x+1)^2+2(x+1)(x-2)\\
&= 3(x+1)(x-1) = 3\left(x^2-1\right)
\end{aligned}$$

Assim, vemos que $y'=0$ em $x=-1$ e $x=1$. Como $y''=6x$, temos que $x=-1$ corresponde a máximo e $x=1$ a mínimo.

Exercício 1.8

Partindo de que (1.16) seja válida, mostremos sua validade para $n+1$,

$$\begin{aligned}
\frac{d}{dx}x^{n+1} &= \frac{d}{dx}\left(x\,x^n\right)\\
&= x^n+x\left(n\,x^{n-1}\right)\\
&= x^n+n\,x^n\\
&= (n+1)\,x^n
\end{aligned}$$

Exercício 1.9 - c

Vou refazer o item c do exercício 1.6, usando a expressão (1.17) e a propriedade referente à derivada do produto de funções,

$$\begin{aligned}
y' &= 2(x+1)(x-2)+(x+1)^2\\
&= (x+1)(2x-4+x+1)\\
&= 3(x+1)(x-1)\\
&= 3\left(x^2-1\right)
\end{aligned}$$

Exercício 1.10 - e

Usando a propriedade da derivada do quociente de funções, temos

$$\frac{dy}{dx} = \frac{\dfrac{d}{dx}\left(\sqrt{1+2x}\right)\sqrt[4]{1+3x^2}-\sqrt{1+2x}\,\dfrac{d}{dx}\sqrt[4]{1+3x^2}}{\sqrt{1+3x^2}}$$

Com o uso de (1.17), calculemos separadamente as derivadas acima,

$$\frac{d}{dx}\sqrt{1+2x} = \frac{1}{2}\left(1+2x\right)^{-1/2}\times 2 = \frac{1}{\sqrt{1+2x}}$$

$$\frac{d}{dx}\sqrt[4]{1+3x^2} = \frac{1}{4}\left(1+3x^2\right)^{-3/4}\times 6x = \frac{3x}{2\sqrt[4]{\left(1+3x^2\right)^3}}$$

Substituindo-as na relação anterior e fazendo algumas passagens algébricas, obteremos que

$$\frac{dy}{dx} = \frac{2-3x}{2\left(1+3x^2\right)\sqrt{1+2x}\sqrt[4]{1+3x^2}}$$

Outra alternativa mais direta seria, em lugar do quociente, partir do produto,

$$y = \left(1+2x\right)^{1/2}\left(1+3x^2\right)^{-1/4}$$

Deixo para o estudante fazer a verificação. Gostaria de falar de uma outra. Em lugar da expressão inicial, poderíamos partir de

$$y^4\left(1+3x^2\right) = \left(1+2x\right)^2$$

Derivando ambos os lados em relação a x, diretamente temos

$$4y^3\frac{dy}{dx}\left(1+3x^2\right) + 6xy^4 = 4\left(1+2x\right)$$

$$\Rightarrow \quad \frac{dy}{dx} = \frac{2\left(1+2x\right)-3xy^4}{2y^3\left(1+3x^2\right)}$$

Se substituirmos o y inicial, obteremos a relação anterior. O resultado acima também é da derivada de y em relação a x, só com outra aparência.

Exercício 1.10 - f

Aqui, vou começar com (elevando ao cubo a expressão inicial)

$$s^3\left(1-t\right) = 1+t$$

Derivando os dois lados em relação a t, diretamente obtemos

$$3s^2\frac{ds}{dt}\left(1-t\right) - s^3 = 1 \quad \Rightarrow \quad \frac{ds}{dt} = \frac{1+s^3}{3s^2\left(1-t\right)}$$

que é a resposta. Voltemos à variável inicial só para confirmar o resultado caso o estudante tenha seguido outro caminho,

$$\frac{ds}{dt} = \frac{1+\dfrac{1+t}{1-t}}{3\left(\dfrac{1+t}{1-t}\right)^{2/3}\left(1-t\right)} = \frac{2}{3\left(1-t\right)\sqrt[3]{\left(1-t^2\right)\left(1+t\right)}}$$

Exercício 1.12

A relação

$$f(x) = g(x)\, h^{-1}(x)$$

é um produto de funções. O segundo termo, $h^{-1}(x)$, é função de função. Assim, usando (1.11), (1.13) e (1.17), temos

$$\begin{aligned}
\frac{df}{dx} &= \frac{dg}{dx}\, h^{-1}(x) - g(x)\, h^{-2}(x)\, \frac{dh}{dx} \\[2mm]
&= \frac{g'(x)}{h(x)} - \frac{g(x)\, h'(x)}{h^2(x)} \\[2mm]
&= \frac{g'(x)\, h(x) - g(x)\, h'(x)}{h^2(x)}
\end{aligned}$$

Exercício 1.13 - h

Para encontrar os pontos de inflexão, precisamos, também, da derivada segunda (só para os máximos e mínimos não precisaríamos dela necessariamente). Assim,

$$\begin{aligned}
y &= \frac{x}{x^2 + a^2} \\[2mm]
y' &= -\frac{(x-a)(x+a)}{(x^2 + a^2)^2} \\[2mm]
y'' &= \frac{2x\,(x^2 + a^2)\,(x^2 - 3a^2)}{(x^2 + a^2)^4}
\end{aligned}$$

Como temos a expressão da derivada segunda, diretamente vemos que

$$y' = 0 \quad \text{em} \quad x = -a \quad \text{é mínimo porque} \quad y''(-a) > 0$$
$$y' = 0 \quad \text{em} \quad x = +a \quad \text{é máximo porque} \quad y''(a) < 0$$

E os pontos de inflexão ocorrem em

$$y'' = 0 \quad \Rightarrow \quad x = -\sqrt{3}\, a, \quad x = 0 \quad \text{e} \quad x = \sqrt{3}\, a$$

Esses resultados dâo-nos toda a natureza da curva. Só para visualizá-la um pouco mais, veja, por favor, a Figura C.1.

Exercício 1.15

Para acomodar a tampa, a parte a ser cortada em cada extremo passa a ser um retângulo de lados x e $x + y/2$, como mostra a Figura C.2. A base da caixa, agora, possui lados $a - 2x$ e y, O valor de y é diretamente obtido,

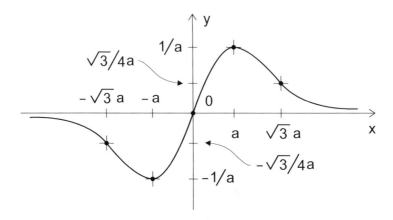

Figura C.1: Exercício 1.13 - h

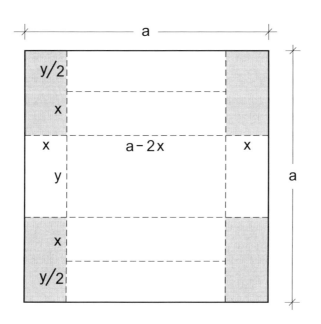

Figura C.2: Exercício 1.15

$$2y + 2x = a \quad \Rightarrow \quad y = \frac{1}{2}(a - 2x)$$

que é a metade do lado do quadrado anterior (caso sem tampa). Assim, o volume da caixa fica

$$V = (a - 2x) y x = \frac{1}{2}(a - 2x)^2 x$$

que difere do encontrado no primeiro exemplo da Subseção 1.3.2 apenas pelo fator $1/2$. Notamos, então, que a condição de volume máximo não muda, continua sendo $x = a/6$. Só a base, em lugar de quadrada, passa a retangular, medindo $2a/3$ (a mesma do quadrado) e $a/3$.

Exercício 1.17

Para um retângulo de lados x e y temos

$$A = xy \quad \Rightarrow \quad \frac{dA}{dx} = 0 \quad \Rightarrow \quad y + x \frac{dy}{dx} = 0$$

A derivada dy/dx é obtida diretamente de $l = 2x + 2y$, fornecendo $dy/dx = -1$. Substituindo no resultado anterior encontramos $x = y$. Assim, o retângulo de maior área (o de menor área é zero) formado pelo fio de comprimento l é um quadrado de lado $l/4$.

Só um comentário antes de passar para o caso seguinte. Naturalmente, usando a relação $l = 2x + 2y$, poderia ter escrito a expressão da área só em termos de uma variável. Às vezes, dá mais trabalho algébrico. Aqui, é quase o mesmo. Sugiro ao estudante, caso prefira, que expresse A em termos de uma só variável antes de obter a derivada.

Para o triângulo isósceles (veja, por favor, a Figura C.3), temos

$$A = \frac{1}{2} yh = \frac{y}{2} \sqrt{x^2 - \frac{y^2}{4}}$$

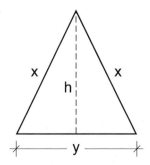

Figura C.3: Exercício 1.17

Para facilitar a obtenção da derivada, tomemos o quadrado da expressão acima,

$$4A^2 = y^2\left(x^2 - \frac{y^2}{4}\right) = x^2y^2 - \frac{y^4}{4}$$

e derivemos ambos os lados em relação a y,

$$8A\frac{dA}{dy} = 2xy^2\frac{dx}{dy} + 2x^2y - y^3$$

Como $2x + y = l$, temos $dx/dy = -1/2$. Assim, a condição $dA/dy = 0$ fornece

$$y\left(xy - 2x^2 + y^2\right) = 0 \quad \Rightarrow \quad y = 0 \quad \text{ou} \quad xy - 2x^2 + y^2 = 0$$

O resultado $y = 0$ corresponde, naturalmente, à área mínima (zero). Então, a área máxima deve vir do segundo caso. Desenvolvendo-o, encontramos [1]

$$\left(y + \frac{x}{2}\right)^2 = \frac{9}{4}x^2 \quad \Rightarrow \quad y + \frac{x}{2} = \frac{3}{2}x \quad \Rightarrow \quad y = x$$

Na segunda passagem, só considerei a raiz positiva (pois o lado do triângulo não poderia estar associado a número negativo). Vemos, então, que o triângulo isósceles de área mínima é equilátero.

Passemos para o último caso. Veja por favor a Figura C.4, um triângulo retângulo cujos catetos são x e y. Assim,

$$A = \frac{1}{2}xy \quad \Rightarrow \quad \frac{dA}{dx} = 0 \quad \Rightarrow \quad y + x\frac{dy}{dx} = 0$$

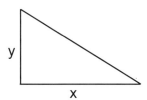

Figura C.4: Exercício 1.17

Como a hipotenusa do triângulo retângulo é $l - x - y$, temos

$$(l - x - y)^2 = x^2 + y^2 \quad \Rightarrow \quad l^2 - 2lx - 2ly + 2xy = 0$$

que permite obter

$$\frac{dy}{dx} = \frac{l - y}{x - l}$$

---

[1] O desenvolvimento nada mais é do que resolver uma equação do segundo grau. Não há necessidade de fórmula. Falo sobre isto no Capítulo 4 do meu livro **Pensando com a Matemática**, Editora Livraria da Física.

Substituindo no resultado anterior, encontraremos que $x = y$, ou seja, o triângulo retângulo de maior área é isósceles. Diretamente mostramos que

$$x = y = \left(1 - \frac{\sqrt{2}}{2}\right) l$$

Exercício 1.18

Seja o retângulo de lados x e y inscrito no semicírculo de raio R, como mostra a Figura C.5. Sua área é

$$A = xy$$

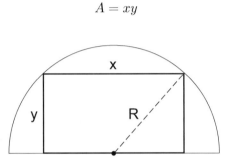

Figura C.5: Exercício 1.18

De acordo com o triângulo retângulo de hipotenusa R, que aparece na figura, as quantidades x e y estão relacionados por

$$\frac{x^2}{4} + y^2 = R^2$$

Como mencionei na resolução do exercício anterior, podemos usar a segunda expressão para escrever a área só em função de uma das variáveis. Deixemos como está. Trabalharemos, aqui também, com as relações separadamente,

$$\frac{dA}{dx} = 0 \quad \Rightarrow \quad y + x\frac{dy}{dx} = 0$$

$$\Rightarrow \quad y - \frac{x^2}{4y} = 0 \quad \leftarrow \quad \frac{dy}{dx} = -\frac{x}{4y}$$

$$\Rightarrow \quad y^2 - \frac{x^2}{4} = 0$$

$$\Rightarrow \quad x = R\sqrt{2} \quad \text{e} \quad y = \frac{R}{\sqrt{2}}$$

Na segunda linha, substituiu-se dy/dx, obtido da segunda relação inicial. Os resultados finais foram obtidos combinando-a com a expressão da terceira linha. Só podem corresponder à área máxima porque a mínima é zero.

Para a segunda parte do exercício, consideremos o trapézio de altura h e bases x e $2R$, como mostra a Figura C.6. Sua área é

$$A = \frac{1}{2}(2R + x)h$$

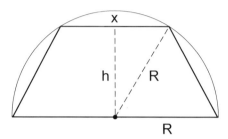

Figura C.6: Exercício 1.18

De acordo com o triângulo retângulo de hipotenusa R que aparece na figura, as quantidades x e h estão relacionadas por

$$\frac{x^2}{4} + h^2 = R^2$$

O desenvolvimento é semelhante ao do caso anterior (ou outro que o estudante achar mais conveniente). O resultado correspondente à área máxima é

$$x = R \quad \text{e} \quad h = \frac{R\sqrt{3}}{2}$$

Exercício 1.22

Vamos resolver a segunda parte. O procedimento é o mesmo da primeira (cuja resposta é 20/3 e 40/3). Temos, então,

$$20 = x + y$$
$$P = x^2 y^3$$

em que P é o produto. Combinemos as duas para deixar o produto expresso em termos de uma só variável (poderíamos trabalhar com elas separadamente como fizemos nos dois exercícios acima),

$$P = x^2 (20 - x)^3$$

Como de praxe, para saber o valor de x que corresponde a P máximo fazemos,

$$\begin{aligned}\frac{dP}{dx} &= 2x(20-x)^3 - 3x^2(20-x)^2 \\ &= x(20-x)^2(40 - 5x)\end{aligned}$$

Há três valores ue anulam a derivada, $x = 0$, $x = 8$ e $x = 20$. O primeiro e o último são casos de mínimo, pois o produto é zero. Como a função é contínua, o segundo corresponde a máximo. Portanto, os números 8 e 12 dão um P máximo igual a $110\,592$.

Exercício 1.24

O preço da construção é

$$
\begin{aligned}
P &= 350\,000 + 50\,000 + 55\,000 + 60\,000 + \cdots \\
&= 350\,000 + 50\,000\,n + 5\,000\,(1 + 2 + 3 + \cdots + n - 1)
\end{aligned}
$$

em que n é o número de andares. A soma entre parênteses começa com o segundo andar. Precisamos fazer esta soma. Vamos chamá-la de S,

$$
S = 1 + 2 + 3 + \cdots + n - 1
$$

É a soma dos termos de uma progressão aritmética. Existe uma fórmula. Não há necessidade. A obtenção do resultado é conseguida de maneira simples. Basta escrevê-la em ordem inversa,

$$
S = n - 1 \ + \ n - 2 \ + \ n - 3 \ + \cdots + 1
$$

e somar as duas expressões. Notamos que serão $n - 1$ termos iguais n. Assim,

$$
2S = n\,(n - 1) \quad \Rightarrow \quad S = \frac{1}{2}\,n\,(n - 1)
$$

O preço da construção fica

$$
P = 350\,000 + 50\,000\,n + 2\,500\,n\,(n - 1)
$$

Sabemos que cada andar renderá R\$ 20\,000,00 por ano. Então, esta despesa será recuperada após um número N de anos dado por

$$
\begin{aligned}
20\,000\,nN &= 350\,000 + 50\,000\,n + 2\,500\,n\,(n - 1) \\
\Rightarrow \quad 8\,nN &= 140 + 20\,n + n\,(n - 1)
\end{aligned}
$$

O número de andares que corresponde ao mínimo de anos é obtido derivando-se a expressão acima em relação a n,

$$
8N + 8\,n\,\frac{dN}{dn} = 20 + 2n - 1
$$

Fazendo $dN/dn = 0$ e combinando com o resultado anterior para eliminar N, diretamente obtém-se

$$
n^2 = 140 \quad \Rightarrow \quad n = 12 \text{ andares}
$$

que é o número mínimo de andares (o máximo seria infinito). Verifica-se que o retorno do investimento é conseguido após cerca de 5 anos.

Exercício 1.25

Temos de achar o ponto onde a reta e a curva têm a mesma inclinação,

$$\frac{dy}{dx} = -1 \ \text{(reta)} \quad \text{e} \quad \frac{dy}{dx} = 3\,x^2 - 12\,x + 8 \ \text{(curva)}$$

Assim,

$$3\,x^2 - 12\,x + 8 = -1 \quad \Rightarrow \quad x^2 - 4\,x + 3 = 0$$
$$\Rightarrow \quad x = 1 \ \text{ e } \ x = 3$$

Há dois pontos da curva com a mesma inclinação da reta, mas a tangente deve possuir um ponto em comum com a curva. Podemos diretamente verificar que isto ocorre para $x = 3$. E o ponto de tangência é $(3, -3)$.

A segunda parte do exercício é resolvida de forma semelhante. O ponto de tangência é $(2, 3)$.

Exercício 1.29

Como o ponto $(-1, 2)$ pertence à reta, temos

$$y = a\,x + b \quad \Rightarrow \quad 2 = -a + b$$

Da equação da curva, obtemos sua inclinação em cada ponto,

$$4y + 4x\,\frac{dy}{dx} = 0 \quad \Rightarrow \quad \frac{dy}{dx} = -\frac{y}{x}$$

E no ponto de tangência, esta inclinação é a mesma da reta, $-y/x = a$.

Para obter a equação da reta tangente e o ponto de tangência, temos de combinar as duas relações acima bem como as da reta e da curva,

$$b - a = 2$$
$$y = -a\,x$$
$$y = a\,x + b$$
$$4\,xy = 1$$

São quatro equações e quatro incógnitas. Veremos que existem dois pontos de tangência. O resultado é

$$y = -x + 1 \quad \text{tangente em} \quad \left(1/2,\, 1/2\right)$$
$$y = -4x - 2 \quad \text{tangente em} \quad \left(-1/4,\, -1\right)$$

Exercício 1.31 - a

O ângulo de interseção entre as duas curvas é formado pelas tangentes às curvas no ponto onde se cruzam. É o α mostrado na Figura C.7. Para calculá-lo, usaremos o significado geométrico da derivada, que permitirá obter α_1 e α_2. Assim, usando que a soma dos ângulos internos de um triângulo é 180°, temos

$$\alpha = \alpha_2 - \alpha_1$$

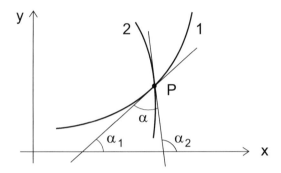

Figura C.7: Exercício 1.31 - a

Primeiramente, combinemos as duas equações para achar o ponto de interseção. No caso são dois, $(3,-2)$ e $(3,2)$. Agora, para obter os ângulos, calculemos suas derivadas,

$$x^2 + y^2 = 13 \quad \Rightarrow \quad 2x + 2y\frac{dy}{dx} = 0 \quad \Rightarrow \quad \frac{dy}{dx} = -\frac{x}{y}$$

$$y^2 = x + 1 \quad \Rightarrow \quad 2y\frac{dy}{dx} = 1 \quad \Rightarrow \quad \frac{dy}{dx} = \frac{1}{2y}$$

Assim, para o ponto $(3,-2)$,

$$\frac{dy}{dx} = -\frac{x}{y} \quad \Rightarrow \quad \tan \alpha_1 = -\frac{3}{2} \quad \Rightarrow \quad \alpha_1 = 56,31°$$

$$\frac{dy}{dx} = \frac{1}{2y} \quad \Rightarrow \quad \tan \alpha_1 = -\frac{1}{4} \quad \Rightarrow \quad \alpha_2 = 165,96°$$

Consequentemente, o ângulo de interseção neste ponto é

$$\alpha = 165,96° - 56,31° = 109,65°$$

Procedendo de forma semelhante para o ponto $(3,2)$, encontraremos os ângulos $123,69°$ e $14,04°$, cuja diferença leva ao mesmo valor do caso anterior (isto ocorreu devido à simetria das curvas).

Exercício 1.32

A distância D entre $(3\,,5)$ e um ponto qualquer do círculo vem de (hipotenusa do triângulo retângulo cujos catetos são $x-3$ e $y-5$)

$$D^2 = (x-3)^2 + (y-5)^2$$

Para obter as distâncias mínima e máxima, derivamos a expressão acima em relação a uma das variáveis,

$$D\frac{dD}{dx} = (x-3) + (y-5)\frac{dy}{dx} \quad \Rightarrow \quad \frac{dD}{dx} = 0 \quad \text{se} \quad \frac{dy}{dx} = -\frac{x-3}{y-5}$$

Por outro lado, como o ponto $(x\,,y)$ pertence ao círculo,

$$x^2 + y^2 = 4 \quad \Rightarrow \quad 2\,x + 2\,y\frac{dy}{dx} = 0 \quad \Rightarrow \quad \frac{dy}{dx} = -\frac{x}{y}$$

A combinação com o resultado anterior fornece

$$\frac{x-3}{y-5} = \frac{x}{y} \quad \Rightarrow \quad 5\,x = 3\,y$$

Assim, junto com a equação do círculo, obtemos os pontos,

$$\left(\frac{6}{\sqrt{34}}\,,\frac{10}{\sqrt{34}}\right) \quad \text{e} \quad \left(-\frac{6}{\sqrt{34}}\,,-\frac{10}{\sqrt{34}}\right)$$

Observando a expressão inicial de D^2, temos que a distância entre $(3\,,5)$ e o primeiro ponto acima é menor do que o segundo. Mais um detalhe, esses pontos devem estar diametralmente opostos. Realmente, calculando a distância entre eles verifica-se que é igual a 4.

As distâncias mínima e máxima entre o ponto e o círculo são

$$D^2_{\text{mín}} = \left(3 - \frac{6}{\sqrt{34}}\right)^2 + \left(5 - \frac{10}{\sqrt{34}}\right)^2 \quad \Rightarrow \quad D_{\text{mín}} = 3,83$$

$$D^2_{\text{máx}} = \left(3 + \frac{6}{\sqrt{34}}\right)^2 + \left(5 + \frac{10}{\sqrt{34}}\right)^2 \quad \Rightarrow \quad D_{\text{máx}} = 7,83$$

Como podemos observar, confirmando o que foi dito acima, $D_{\text{máx}} - D_{\text{mín}} = 4$ (igual ao diâmetro).

Exercício 1.34

A distância entre $(2\,,1)$ e um ponto qualquer da parábola está relacionada a

$$D^2 = (x-2)^2 + (y-1)^2$$

Seguindo procedimento similar ao exercício acima, temos

$$2D \frac{dD}{dx} = 2(x-2) + 2(y-1)\frac{dy}{dx}$$
$$= 2(x-2) + 2(x^2-1)2x \quad \leftarrow \quad y = x^2$$

Agora, $dD/dx = 0$ se

$$2x^3 - x - 2 = 0$$

É uma equação do terceiro grau. Pelos coeficientes, notamos que uma raiz deve estar próxima da unidade. Verifica-se que está entre $1,1$ e $1,2$. Assim, com o uso de uma calculadora (usei a do próprio computador), pode-se diminuir o intervalo de aproximação. Sem muita dificuldade, fui até o valor $1,165$. Pela natureza do problema, a equação só deve ter esta raiz real (pois a distância máxima entre o ponto e a parábola é infinita). Realmente, escrevendo-a com o fator $(x-1,165)$, a equação do segundo grau obtida dará duas raízes complexas.

Portanto, a distância mínima entre o ponto $(2,1)$ e a parábola é

$$D_{\text{mín}}^2 = (1,165 - 2)^2 + (1,165^2 - 1)^2 \quad \Rightarrow \quad D_{\text{mín}} = 0,9082 \simeq 0,91$$

Exercício 1.36

Consideremos o sistema com os eixos x e y mostrados na Figura C.8. As posições $\vec{r}_A(t)$ e $\vec{r}_B(t)$ dos barcos em cada instante são

$$\vec{r}_A(t) = 20\, t\, \hat{\imath} + 10\, \hat{\jmath}$$
$$\vec{r}_B(t) = (30\cos 60°)\, t\, \hat{\imath} + (30\,\text{sen}\, 60°)\, t\, \hat{\jmath}$$
$$= 15\, t\, \hat{\imath} + 15\sqrt{3}\, t\, \hat{\jmath}$$

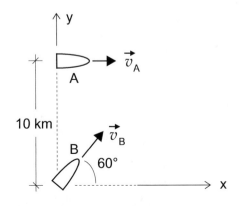

Figura C.8: Exercício 1.36

A posição de B em relação a A é

$$\vec{r}_{B,A} = \vec{r}_B - \vec{r}_A = -5\,t\,\hat{\imath} + 5\left(3\sqrt{3}\,t - 2\right)\hat{\jmath}$$

A distância entre os barcos é o módulo deste vetor,

$$D^2 = 700\,t^2 - 300\sqrt{3}\,t + 100$$

Derivando os dois lados em relação ao tempo, obtemos

$$2D\,\frac{dD}{dt} = 1\,400\,t - 300\sqrt{3}$$

$$\Rightarrow \quad \frac{dD}{dt} = 0 \quad \text{se} \quad t = \frac{3\sqrt{3}}{14} = 0,371\,h = 22,3\,min$$

Corresponde realmente à distância mínima porque a máxima é infinita. Essa distância é diretamente calculada,

$$\begin{aligned}
D^2_{\text{mín}} &= 700 \times \frac{27}{14^2} - 300\sqrt{3} \times \frac{3\sqrt{3}}{14} + 100 \\
&= \frac{25}{7} \quad \Rightarrow \quad D_{\text{mín}} = 1,89\,km
\end{aligned}$$

Exercício 1.39

O procedimento é similar ao que temos feito. Obtemos a posição de uma partícula em relação à outra,

$$\vec{r}_{B,A} = \left(t^2 - \frac{76}{9}\right)\hat{\imath} + t\left(t - \frac{16}{3}\right)\hat{\jmath} + \frac{2\,t}{3}\,\hat{k}$$

Seu módulo corresponde à distância entre elas,

$$D^2 = \left(t^2 - \frac{76}{9}\right)^2 + t^2\left(t - \frac{16}{3}\right)^2 + \frac{4\,t^2}{9}$$

Para encontrar a distância mínima, derivamos ambos os lados. O resultado é

$$D\,\frac{dD}{dt} = 4\,t\,(t-1)\,(t-3)$$

Assim, $dD/dt = 0$ se $t = 0$, $t = 1$ ou $t = 3$.

Diretamente, podemos identificar a correspondência com máximos e mínimos. Notamos que para $t \to \pm\infty$, $D \to \infty$, ou seja, a distância entre elas é muito grande antes de $t = 0$ e depois de $t = 3$. Portanto, como a função $D(t)$ é contínua, temos que os instantes $t = 0$, $t = 1$ e $t = 3$ correspondem a mínimo, máximo e mínimo, respectivamente. Há dois mínimos. Basta verificar em qual deles as partículas estão mais próximas. Outro detalhe, o instante $t = 1$ corresponde a um máximo relativo, pois o maior afastamento entre as partículas é infinito. Substituindo os instantes acima na expressão de $D(t)$, encontraremos, respectivamente, $D = 8,44$, $D = 8,64$ e $D = 7,30$ (o que confirma que $t = 1$ corresponde a um máximo relativo). Vemos, então, que o instante e a distância procurados são

$$t = 3\,s \quad \text{e} \quad D_{\text{mín}} = 7,30\,m$$

Exercício 2.5

Partindo da relação (2.2), temos

$$\frac{dv}{dt} = -\frac{6}{x^2}$$

Eliminemos a dependência temporal do lado esquerdo com o uso de (2.1) e da propriedade da derivada de função de função,

$$\frac{dv}{dx}\frac{dx}{dt} = -\frac{6}{x^2} \quad \Rightarrow \quad v\frac{dv}{dx} = -\frac{6}{x^2} \quad \Rightarrow \quad \frac{v^2}{2} = \frac{6}{x} + C$$

Usando a condição que $v = 0$ em $x = 3$, obtemos $C = -2$. E a solução fica

$$v^2 = 4\left(\frac{3}{x} - 1\right)$$

O movimento ocorre entre $0 < x \leq 3$ (não foi incluído o ponto $x = 0$ devido a descontinuidade). O corpo sempre se aproxima da origem. Assim,

$$v = -2\sqrt{\frac{3}{x} - 1}$$

Este tipo de aceleração (dependendo do inverso do quadrado da distância e voltada para a origem) corresponde à interação gravitacional. Veremos um exemplo na Subseção 2.1.2.

Exercício 2.7

Novamente, partindo de (2.2) e procedendo como no exercício acima, temos

$$v\frac{dv}{dx} = -5\,v \quad \Rightarrow \quad v = -5\,x + C$$

Usando a condição que $v = 3$ em $x = 1$, encontramos $C = 8$. Assim,

$$v = -5\,x + 8$$

Vemos que a velocidade na origem é $8\,m/s$. O ponto onde a partícula para corresponde a distância percorrida,

$$0 = -5\,x + 8 \quad \Rightarrow \quad x = 1,6\,m$$

Poderíamos, também, obter a velocidade e a posição em função do tempo, mas seriam necessários conhecimentos de derivadas de funções exponenciais e logarítmicas, que serão vistas no Capítulo 5.

Exercício 3.1

A Figura C.9 mostra a vista frontal do cone. Escolhamos como elemento de volume o cilindro de altura dy e raio x (também mostrado na figura),

$$dV = \pi x^2 dy$$

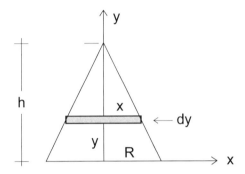

Figura C.9: Exercício 3.1

Para fazer a integração, temos de escrever o lado direito em termos de uma só variável. Pela semelhança dos triângulos que aparecem na figura, obtemos o relacionamento entre x e y,

$$\frac{x}{h-y} = \frac{R}{h} \quad \Rightarrow \quad dy = -\frac{h}{R} dx$$

Assim,

$$dV = -\frac{\pi h}{R} x^2 \, dx$$

$$\Rightarrow \quad V = -\frac{\pi h}{R} \int_R^0 x^2 \, dx = -\frac{\pi h}{R} \frac{x^3}{3} \bigg|_R^0 = \frac{1}{3} \pi R^2 h$$

Vou fazer dois comentários. Primeiro, pode ser que haja alguma dúvida quanto à substituição para escrever o elemento diferencial em termos de uma só variável. Deixei o lado direito em termos de x. Naturalmente, poderia ser y,

$$dV = \pi \frac{R^2}{h^2} (h-y)^2 \, dy$$

$$\Rightarrow \quad V = \frac{\pi R^2}{h^2} \int_0^h (h-y)^2 \, dx = -\frac{\pi R^2}{h^2} \frac{(h-y)^3}{3} \bigg|_0^h = \frac{1}{3} \pi R^2 h$$

Observar que $-(h-y)^3/3$ é a função cuja derivada dá $(h-y)^2$.

O segundo comentário é quanto ao elemento de volume escolhido. Parece que foi o mais natural. Realmente foi (é sempre usado). Entretanto, nada impediria de escolher outro, por exemplo, uma casca cilíndrica de raio r, espessura dr e altura h, como mostra a Figura C.10. Tendo em conta que ela pode ser planificada num paralelepípedo de base $2\pi ry$ e altura dr, seu volume é

$$dV = 2\pi r y\, dr$$

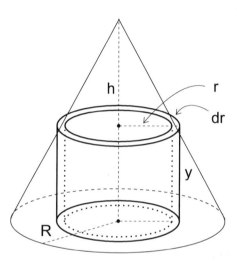

Figura C.10: Exercício 3.1

O próximo passo é prepará-lo para fazer a integração, expressando-o em termos de uma só variável. A semelhança de triângulos fornece uma relação parecida com a encontrada acima

$$\frac{r}{h-y} = \frac{R}{h} \quad \Rightarrow \quad y = h - \frac{hr}{R}$$

Substituindo na expressão anterior, vem

$$dV = \frac{2\pi h}{R}\left(Rr - r^2\right) dr$$

E a integração é feita diretamente (com um pouco mais de trabalho algébrico),

$$V = \frac{2\pi h}{R}\int_0^R (Rr - r^2)\, dr = \frac{2\pi h}{R}\left.\left(\frac{Rr^2}{2} - \frac{r^3}{3}\right)\right|_0^R$$
$$= \frac{2\pi h}{R}\left(\frac{R^3}{2} - \frac{R^3}{3}\right) = \frac{1}{3}\pi R^2 h$$

Exercício 3.2

Comecemos com o volume do tronco de cone. Pelo resultado do exercício anterior e considerando os dados na Figura C.11, temos

$$V = \frac{1}{3}\pi R_1^2 h_1 - \frac{1}{3}\pi R_2^2 h_2$$

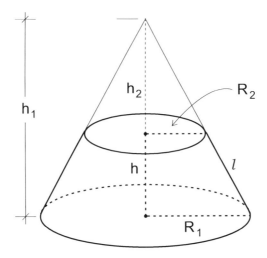

Figura C.11: Exercício 3.2

O próximo passo é expressar h_1 e h_2 em termos R_1, R_2 e h. Sejam as relações,

$$h_1 - h_2 = h$$
$$\frac{h_1}{R_1} = \frac{h_2}{R_2}$$

em que a segunda foi obtida por semelhança de triângulos. Resolvendo o sistema,

$$h_1 = \frac{R_1}{R_1 - R_2} h$$
$$h_2 = \frac{R_2}{R_1 - R_2} h$$

Substituindo na expressão inicial, vem

$$V = \frac{1}{3}\pi \frac{h}{R_1 - R_2}\left(R_1^3 - R_2^3\right)$$
$$= \frac{1}{3}\pi h \left(R_1^2 + R_2^2 + R_1 R_2\right)$$

Na primeira igualdade, temos que $R_1^3 - R_2^3$ deve conter o fator $R_1 - R_2$, pois ambos se anulam para $R_1 = R_2$. Então, diretamente pode-se verificar que $R_1^3 - R_2^3 = (R_1 - R_2)(R_1^2 + R_2^2 + R_1 R_2)$.

A obtenção da área lateral do tronco de cone, partindo agora de (3.10), segue passos semelhantes.

Exercício 3.4

O elemento diferencial de área está indicado na Figura C.12. É dado por

$$dA = \left(x^2 + 4 - x^3\right)dx$$

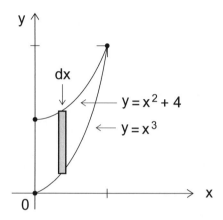

Figura C.12: Exercício 3.4

Para fazer a integração, precisamos saber a coordenada x do ponto onde as curvas se cruzam. É obtida de

$$x^3 = x^2 + 4$$

É uma equação do terceiro grau, mas não há dificuldade em identificar, pela simplicidade dos termos, que a solução é $x = 2$. Assim,

$$A = \int_0^2 \left(x^2 + 4 - x^3\right)dx = \left.\left(\frac{x^3}{3} + 4x - \frac{x^4}{4}\right)\right|_0^2 = \frac{20}{3} \simeq 6,7$$

Exercício 3.6 - d

Primeiramente, vamos resolver a integral como foi feito no desenvolvimento dos exemplos. No caso, procurando pela função cuja derivada dá $(a^2 + b^2 x^2)^{1/2} x$. Para ficar bem claro, sigamos gradativamente. Como o termo entre parênteses está elevando a $1/2$, significa que a quantidade inicial estava elevada a $3/2$, ou seja, $(a^2 + b^2 x^2)^{3/2}$. Sua derivada vai gerar o termo inicial elevado a $1/2$, mas, também, um fator $3/2$, que não estava presente. Devemos, então, fazer a divisão por $3/2$. Mais ainda, $(a^2 + b^2 x^2)^{3/2}$ é função de função. Sua derivada também fornecerá o fator $2\,b^2x$. O x está presente, mas o $2\,b^2$ não. Significa que temos de dividir por $2\,b^2$. Portanto, o resultado da integral é

$$\int \sqrt{a^2 + b^2\,x^2}\ x\,dx = \frac{1}{2\,b^2}\,\frac{(a^2 + b^2\,x^2)^{3/2}}{3/2} + C$$
$$= \frac{1}{3\,b^2}\,\left(a^2 + b^2\,x^2\right)^{3/2} + C$$

Podemos, também, fazer um desenvolvimento mais formal (como no final do terceiro exemplo da Subseção 3.1.1), associando-o com a integral (3.9),

$$u = a^2 + b^2\,x^2 \quad \Rightarrow \quad du = 2\,b^2\,x\,dx$$

Assim,

$$\int \sqrt{a^2 + b^2\,x^2}\ x\,dx = \frac{1}{2\,b^2}\int u^{1/2}\,du = \frac{1}{2\,b^2}\,\frac{u^{3/2}}{3/2} + C$$
$$= \frac{1}{3\,b^2}\,\left(a^2 + b^2\,x^2\right)^{3/2} + C$$

Na última passagem foi feita a substituição de u por $a^2 + b^2\,x^2$.

Exercício 3.6 - l

À primeira vista, não parece muito direto ver a função cuja derivada leva à do integrando. Às vezes, uma simples mudança de variável pode solucionar o problema. É o que acontece neste caso. Por exemplo, fazendo $\sqrt{x} = u$, temos

$$\frac{\sqrt{1 + \sqrt{x}}}{\sqrt{x}} = \frac{\sqrt{1 + u}}{u}$$
$$du = \frac{1}{2}\,x^{-1/2}\,dx \quad \Rightarrow \quad dx = 2\,u\,du$$

E a integração pode ser feita diretamente,

$$\int \frac{\sqrt{1 + \sqrt{x}}}{\sqrt{x}}\ dx = 2\int \left(1 + u\right)^{1/2}\,du = \frac{4}{3}\,\left(1 + u\right)^{3/2} + C$$
$$= \frac{4}{3}\,\left(1 + \sqrt{x}\,\right)^{3/2} + C$$

Na última passagem, voltou-se à variável inicial.

Exercício 3.11

O elemento diferencial está mostrado na Figura C.13, um anel de raio r com espessura dr. De acordo com (3.18), o campo criado por ele no ponto P é

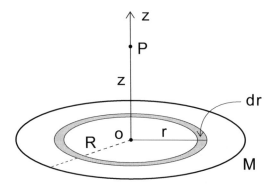

Figura C.13: Exercício 3.11

$$d\vec{g} = -G\,dM \frac{z}{\left(r^2+z^2\right)^{3/2}}\,\hat{k}$$

em que dM é a massa subentendida pelo anel,

$$dM = \frac{M}{\pi R^2}\,2\pi r\,dr = \frac{2M}{R^2}\,r\,dr$$

Substituindo no resultado anterior e fazendo a integração correspondente, temos

$$\vec{g} = -\frac{2GMz}{R^2}\int_0^R \frac{r\,dr}{\left(r^2+z^2\right)^{3/2}}\,\hat{k}$$

$$= -\frac{2GM}{R^2}\left(1 - \frac{z}{\sqrt{z^2+R^2}}\right)\hat{k}$$

Vejamos se o resultado é consistente para $z \gg R$, onde o disco deve ser visto como uma massa pontual. Realmente, desprezando R^2 perante z^2 no denominador, encontraremos $\vec{g} = 0$. Não deixa de ser consistente, pois o campo gravitacional da massa pontual tende a zero para grandes distâncias. Esta é uma primeira aproximação. Para obter o conhecido resultado do campo gravitacional criado pela massa pontual, precisamos da aproximação seguinte. Vamos usar a expansão binomial,

$$\frac{z}{\sqrt{z^2+R^2}} = \left(1+\frac{R^2}{z^2}\right)^{-1/2} \simeq 1 - \frac{R^2}{2z^2}$$

Agora sim, substituindo na relação anterior, vemos que esta aproximação leva ao campo gravitacional da massa pontual,

$$\vec{g} \simeq -\frac{GM}{z^2}\,\hat{k}$$

Para obter a velocidade de escape, o elemento diferencial agora é

$$v\,dv = -\frac{2\,GM}{R^2}\left(1 - \frac{z}{\sqrt{z^2+R^2}}\right)dz$$

Considerando o corpo inicialmente na origem do eixo z, temos

$$\int_V^0 v\,dv = -\frac{2\,GM}{R^2}\int_0^\infty \left(1 - \frac{z}{\sqrt{z^2+R^2}}\right)dz$$

$$\Rightarrow \left.\frac{v^2}{2}\right|_V^0 = \frac{2\,GM}{R^2}\left(z - \sqrt{z^2+R^2}\right)\bigg|_0^\infty$$

$$\Rightarrow \frac{V^2}{2} = \frac{2\,GM}{R} \quad \Rightarrow \quad V = 2\sqrt{\frac{GM}{R}}$$

Exercício 3.12

O elemento diferencial que aparece na Figura C.14 representa um cilindro de altura dy e raio da base x (aproximadamente um disco). Usando o resultado obtido no exercício anterior, escrevemos o campo criado por ele no ponto P,

$$d\vec{g} = -\frac{2\,G\,dM}{x^2}\left(1 - \frac{r-y}{\sqrt{(r-y)^2+x^2}}\right)\hat{r}$$

$$= -\frac{2\,G\,dM}{x^2}\left(1 - \frac{r-y}{\sqrt{r^2-2ry+R^2}}\right)\hat{r}$$

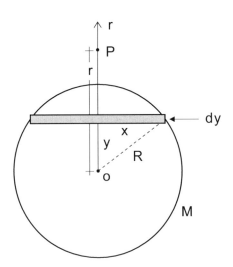

Figura C.14: Exercício 3.12

O elemento dM é dado por

$$dM = \frac{M}{4\pi R^3/3}\pi x^2\,dy = \frac{3M}{4R^3}x^2\,dy$$

Substituindo-o na relação anterior, vem

$$d\vec{g} = -\frac{3M}{2R^3}\left(1 - \frac{r-y}{\sqrt{r^2 - 2ry + R^2}}\right) dy\,\hat{r}$$

Observamos que para calcular o campo gravitacional criado pela esfera, precisamos de três integrações. Vou escrevê-las junto com os resultados,

$$\int_{-R}^{R} dy = 2R$$

$$\int_{-R}^{R} \frac{-r\,dy}{\sqrt{r^2 - 2ry + R^2}} = -2R$$

$$\int_{-R}^{R} \frac{y\,dy}{\sqrt{r^2 - 2ry + R^2}} = \frac{2R^3}{3r^2}$$

A primeira é trivial. A segunda é semelhante a muitas que já fizemos. Vamos fazer a terceira. Não é complicada. Podemos, por exemplo, usar a substituição,

$$r^2 - 2ry + R^2 = u \quad \Rightarrow \quad y = \frac{r^2 + R^2 - u}{2r} \quad \text{e} \quad dy = -\frac{du}{2r}$$

Assim, a integral que temos de resolver é

$$-\frac{1}{4r^2}\int \frac{r^2 + R^2 - u}{\sqrt{u}}\,du = -\frac{1}{4r^2}\left(r^2 + R^2\right)\int u^{-1/2}\,du + \frac{1}{4r^2}\int u^{1/2}\,du$$

$$= -\frac{r^2 + R^2}{2r^2}\,u^{1/2} + \frac{1}{6r^2}\,u^{3/2} + C$$

Voltando à variável inicial e substituindo os limites, confirmaremos a solução da terceira integral. Levando todos os resultados na integração relacionada a $d\vec{g}$, obteremos o campo gravitacional criado pela esfera de raio R e massa M,

$$\vec{g} = -\frac{GM}{r^2}\,\hat{r}$$

que é equivalente ao de uma massa pontual M localizada na origem.

Exercício 3.13

A força devido à pressão do líquido sobre um elemento de área dA do vidro é (de acordo com a definição de pressão)

$$dF = p\,dA$$

Para uma mesma altura, a pressão não varia horizontalmente. Assim, podemos tomar como elemento de área dA um retângulo de lado horizontal $1,0\,m$ (largura do aquário) e vertical dy. O elemento diferencial dF fica

$$dF = 10^4\, y\, dy$$

em que foram substituídos os valores numéricos de ρ e g (aproximadamente $10\,m/s^2$). Façamos a integração relacionada à altura da coluna líquida,

$$F = 10^4 \int_0^{0,7} y\, dy = 2\,450\,N$$

Ou seja, a água exerce sobre o vidro uma força equivalente ao peso de uma massa de aproximadamente $250\,kg$!

Exercício 3.14

Façamos a substituição $x+1 = u$ (que é semelhante à que fizemos na resolução da terceira integral do exercício 3.12). Isto corresponde a substituir dx por du e x por $u-1$. Assim,

$$
\begin{aligned}
\int (u-1)\sqrt{u}\; du &= \int u^{3/2}\, du - \int u^{1/2}\, du \\
&= \frac{2}{5}\, u^{5/2} - \frac{2}{3}\, u^{3/2} + C \\
&= \frac{2}{15}\, u^{3/2}\,(3\,u - 5) + C \\
&= \frac{2}{15}\,(x+1)^{3/2}\,(3\,x - 2) + C
\end{aligned}
$$

Na última passagem, voltou-se à variável inicial.

Exercício 3.15 - a

Vamos proceder como na integral do exemplo da Subseção 3.3.1. Agora, serão duas integrações por partes.

$$
\begin{aligned}
x^2\,(x+1)^{1/2}\, dx &= \frac{2}{3}\, x^2\, d\,(x+1)^{3/2} \\
&= \frac{2}{3}\, d\left[x^2\,(x+1)^{3/2}\right] - \frac{2}{3}\,(x+1)^{3/2}\,2\,x\, dx \\
&= \frac{2}{3}\, d\left[x^2\,(x+1)^{3/2}\right] - \frac{4}{3}\,\frac{2}{5}\, x\, d\,(x+1)^{5/2} \\
&= \frac{2}{3}\, d\left[x^2\,(x+1)^{3/2}\right] - \frac{8}{15}\, d\left[x\,(x+1)^{5/2}\right] \\
&\quad + \frac{8}{15}\,(x+1)^{5/2}\, dx
\end{aligned}
$$

E a integral pode ser feita,

$$\int x^2\sqrt{x+1}\ dx = \frac{2}{3}\,x^2\left(x+1\right)^{3/2} - \frac{8}{15}\,x\left(x+1\right)^{5/2} + \frac{16}{105}\left(x+1\right)^{7/2} + C$$

$$= \frac{2}{105}\left(x+1\right)^{3/2}\left(43\,x^2 - 12\,x - 20\right) + C$$

Vamos resolvê-la usando outro processo. Consideremos a mesma substituição do exercício anterior, $x + 1 = u$. Assim,

$$\int\left(u-1\right)^2\sqrt{u}\ du = \int\left(u^{5/2} - 2\,u^{3/2} + u^{1/2}\right) du$$

$$= \frac{2}{7}\,u^{7/2} - \frac{4}{5}\,u^{5/2} + \frac{2}{3}\,u^{3/2} + C$$

$$= \frac{2}{105}\,u^{3/2}\left(15\,u^2 - 42\,u + 35\right) + C$$

$$= \frac{2}{105}\left(x+1\right)^{3/2}\left(43\,x^2 - 12\,x - 20\right) + C$$

Exercício 3.15 - b

Fazendo desenvolvimento semelhante com o integrando, temos

$$x^3\left(x^2+1\right)^{1/2} dx = \frac{2}{3}\frac{1}{2}\,x^2\,d\left(x^2+1\right)^{3/2}$$

$$= \frac{1}{3}\,d\left[x^2\left(x^2+1\right)^{3/2}\right] - \frac{2}{3}\,x\left(x^2+1\right)^{3/2} dx$$

E a integral também já pode ser feita,

$$\int x^3\sqrt{x^2+1}\ dx = \frac{1}{3}\,x^2\left(x^2+1\right)^{3/2} - \frac{1}{3}\frac{2}{5}\left(x^2+1\right)^{5/2} + C$$

$$= \frac{1}{15}\left(x^2+1\right)^{3/2}\left(3\,x^2 - 2\right) + C$$

Vamos fazer a integração de outra maneira, mas usando um processo um pouco diferente do anterior. Notemos que a integral pode ser escrita como

$$\int x^3\sqrt{x^2+1}\ dx = \frac{1}{2}\int x^2\sqrt{x^2+1}\ dx^2$$

Façamos, agora, a substituição $x^2 + 1 = u$ (que corresponde a substituir dx^2 por du e x^2 por $u - 1$),

$$\frac{1}{2}\int\left(u-1\right)u^{1/2} du = \frac{1}{5}\,u^{5/2} - \frac{1}{3}\,u^{3/2} + C$$

$$= \frac{1}{15}\,u^{3/2}\left(3\,u - 5\right) + C$$

$$= \frac{1}{15}\left(x^2+1\right)^{3/2}\left(3\,x^2 - 2\right) + C$$

Exercício 3.16

Para qualquer tipo de função, temos, de maneira geral,

$$\int_{-a}^{+a} f(x)\,dx = \int_{-a}^{0} f(x)\,dx + \int_{0}^{a} f(x)\,dx$$

Na primeira integral do lado direito, façamos a susbstituição $x \to -x$,

$$\int_{-a}^{0} f(x)\,dx \quad \to \quad -\int_{a}^{0} f(-x)\,dx = \int_{0}^{a} f(-x)\,dx$$

Assim, a relação anterior fica

$$\int_{-a}^{+a} f(x)\,dx = \int_{0}^{a} f(-x)\,dx + \int_{0}^{a} f(x)\,dx$$

Como percebemos, se $f(x) = f(-x)$ (função simétrica), a relação (3.22) é obtida. Se $f(x) = -f(-x)$ (antissimétrica), obtém-se (3.23).

Exercício 4.2

Primeiramente, expressemos $40°$ em radianos,

$$40° \to \quad \frac{2\pi}{360} \times 40 = \frac{2\pi}{9} = \frac{2 \times 3,1416}{9} = 0,69813$$

A precisão que queremos para $\operatorname{sen} 40°$ é com quatro algarismos significativos. Como haverá algumas manipulações com o valor de x, iniciamos tomando π com cinco significativos a fim de que tenhamos mais certeza com o resultado das aproximações. Sejam, então, os termos da expansão de $\operatorname{sen}\theta$ (θ em radianos). O primeiro é o próprio θ. Os outros são

$$\frac{\theta^3}{3!} = \frac{(0,69813)^3}{6} = 0,05671$$

$$\frac{\theta^5}{5!} = \frac{(0,69813)^5}{120} = 0,00138$$

$$\frac{\theta^7}{7!} = \frac{(0,69813)^7}{5040} = 0,00002$$

Para a aproximação que queremos, os demais não contribuirão. Assim

$$\operatorname{sen}\theta = 0,69813 - 0,05671 + 0,00138 - 0,00002 \simeq 0,6428$$

Exercício 4.3 - a

Derivando ambos os lados em relação a θ, temos

$$
\begin{aligned}
\frac{d}{d\theta}\cos\theta &= \frac{d}{d\theta}\,\text{sen}\left(\frac{\pi}{2}-\theta\right)\\
&= \cos\left(\frac{\pi}{2}-\theta\right)\frac{d}{d\theta}\left(\frac{\pi}{2}-\theta\right)\\
&= -\,\text{sen}\,\theta
\end{aligned}
$$

Exercício 4.3 - c

Façamos o mesmo aqui também,

$$
\frac{d}{d\theta}\,\text{sen}\,2\theta = 2\,\frac{d}{d\theta}\left(\,\text{sen}\,\theta\,\cos\theta\,\right)
$$

$$
\Rightarrow\quad 2\cos 2\theta = 2\cos^2\theta + 2\,\text{sen}\,\theta\,\frac{d}{d\theta}\cos\theta
$$

$$
\Rightarrow\quad \cos^2\theta - \text{sen}^2\theta = \cos^2\theta + \text{sen}\,\theta\,\frac{d}{d\theta}\cos\theta
$$

$$
\Rightarrow\quad \frac{d}{d\theta}\cos\theta = -\,\text{sen}\,\theta
$$

Exercício 4.6 - a

$$
\frac{dy}{dx} = \cos\left(ax^2\right)\frac{d}{dx}\left(ax^2\right) = 2\,ax\cos\left(ax^2\right)
$$

Exercício 4.6 - d

$$
\begin{aligned}
\frac{dy}{dx} &= 3\,\text{sen}^2\,x^2\,\frac{d}{dx}\,\text{sen}\,x^2 = 3\,\text{sen}^2\,x^2\cos x^2\,2x\\
&= 6\,x\,\text{sen}^2\,x^2\cos x^2\,2x
\end{aligned}
$$

Exercício 4.7 - h

$$
\text{sen}\,2y + 2x\cos 2y\,\frac{dy}{dx} = \frac{dy}{dx}\cos 2x - 2y\,\text{sen}\,2x
$$

$$
\Rightarrow\quad \frac{dy}{dx} = \frac{\text{sen}\,2y + 2y\,\text{sen}\,2x}{\cos 2x - 2x\cos 2y}
$$

Exercício 4.10

O tempo para ir de A até C é

$$t = t_{AB} + t_{BC}$$

em que t_{AB} corresponde ao trecho nadando; e t_{BC}, andando. A primeira parcela é igual à distância AB dividida pela velocidade ($2\,km/h$), e a segunda é dada pelo comprimento de arco BC dividido por $4\,km/h$. De acordo com os dados mostrados na Figura C.15, temos

$$t = \cos\alpha + \frac{1}{4}\theta = \cos\frac{\theta}{2} + \frac{1}{4}\theta$$

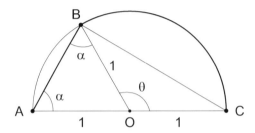

Figura C.15: Exercício 4.10

pois o triângulo ABC é retângulo (hipotenusa $2\,km$) e o círculo tem raio $1\,km$. Na segunda passagem, usou-se que $2\alpha + 180 - \theta = 180$ (triângulo AOB). Consequentemente, $\alpha = \theta/2$. Como vemos, o problema foi transformado numa função $t(\theta)$. Vamos procurar seus valores extremos,

$$\frac{dt}{d\theta} = 0 \Rightarrow -\frac{1}{2}\,\text{sen}\,\frac{\theta}{2} + \frac{1}{4} = 0 \Rightarrow \text{sen}\,\frac{\theta}{2} = \frac{1}{2} \Rightarrow \theta = \frac{\pi}{3}$$

que corresponde a um tempo máximo pois,

$$\frac{d^2 t}{d\theta^2} = -\frac{1}{4}\cos\frac{\theta}{2}$$

é negativo para $\theta = \pi/3$. Portanto,

$$t_{\text{máx}} = \cos\frac{\pi}{6} + \frac{1}{4} \times \frac{\pi}{3} = 1,13\,h$$

Como a expressão não fornece mais nenhum outro valor que anule a primeira derivada, o tempo mínimo deve ser encontrado nas condições de extremo da própria geometria do problema. Assim, para fazer o percurso só nadando, o tempo é $t = 2/2 = 1\,h$. Se for só andando, $t = \pi/4 = 0,79\,h$. Portanto, o tempo mínimo é

$$t_{\text{mín}} = 0,79\,h$$

Exercício 4.11 - a

O procedimento é semelhante ao do exercício 1.31-a, inclusive a Figura C.7 serve como ilustração aqui também. Primeiramente, temos de combinar as duas relações para obter os pontos de interseção,

$$\operatorname{sen} x = \cos x \quad \Rightarrow \quad x = \frac{\pi}{4} \ , \ \text{etc.}$$

São infinitos pontos mas, devido à periodicidade das funções, o ângulo de interseção é o mesmo para todos. Com procedimento semelhante ao do exercício 1.31-a, temos (veja, por favor, os dados da Figura C.7),

$$y = \operatorname{sen} x \quad \Rightarrow \quad \frac{dy}{dx} = \cos x \quad \Rightarrow \quad \tan \alpha_1 = \cos \frac{\pi}{4} = \frac{\sqrt{2}}{2} \quad \Rightarrow \quad \alpha_1 = 35,26\,^\circ$$

$$y = \cos x \quad \Rightarrow \quad \frac{dy}{dx} = -\operatorname{sen} x \quad \Rightarrow \quad \tan \alpha_2 = -\operatorname{sen} \frac{\pi}{4} = -\frac{\sqrt{2}}{2} \quad \Rightarrow \quad \alpha_2 = 144,7\,^\circ$$

E o ângulo de interseção é

$$\alpha = \alpha_2 - \alpha_1 \simeq 109\,^\circ$$

Exercício 4.13

Primeiramente, vejamos os valores de x que anulam a primeira derivada,

$$\frac{dy}{dx} = 0 \quad \Rightarrow \quad a \cos x - b \operatorname{sen} x = 0 \quad \Rightarrow \quad \tan x = \frac{a}{b}$$

Naturalmente, como a função é oscilatória, o valor máximo de y é positivo; e o mínimo, negativo. Calculemos, então, o $y_{\text{máx}}$. É só substituir, na função inicial, $\operatorname{sen} x$ e $\cos x$ correspondentes a $\tan x = a/b$,

$$1 + \tan^2 x = \sec^2 x = \frac{1}{\cos^2 x} \quad \Rightarrow \quad \cos x = \frac{1}{\sqrt{1 + \tan^2 x}} = \frac{b}{\sqrt{a^2 + b^2}}$$

$$1 + \cot^2 x = \csc^2 x = \frac{1}{\operatorname{sen}^2 x} \quad \Rightarrow \quad \operatorname{sen} x = \frac{1}{\sqrt{1 + \cot^2 x}} = \frac{a}{\sqrt{a^2 + b^2}}$$

Tomei as raízes positivas em virtude de estar procurando y máximo. Assim,

$$y_{\text{máx}} = \sqrt{a^2 + b^2}$$

Podemos verificar que esses valores de $\operatorname{sen} x$ e $\cos x$ estão realmente associados a máximo através do sinal negativo da segunda derivada,

$$\frac{d^2 y}{dx^2} = -a \operatorname{sen} x - b \cos x = -\sqrt{a^2 + b^2} < 0$$

Só para completar, o valor de $y_{\text{máx}}$ (neste exercício) poderia ter sido obtido mais diretamente sem recorrer ao uso da derivada. Mudemos a forma da função inicial, reescrevendo os coeficientes a e b como,

$$a = A\cos\alpha \quad \text{e} \quad b = A\,\text{sen}\,\alpha$$

Com isto, a expressão inicial fica

$$\begin{aligned} y &= A\cos\alpha\,\text{sen}\,x + A\,\text{sen}\,\alpha\cos x \\ &= A\,\text{sen}\,(x+\alpha) \end{aligned}$$

Nitidamente, o valor máximo de y é a amplitude A, que é obtida, em termos de a e b, elevando ao quadrado e somando as duas relações anteriores,

$$a^2 + b^2 = A^2\left(\cos^2 + \text{sen}^2\alpha\right) \quad \Rightarrow \quad A = \sqrt{a^2 + b^2}$$

Exercício 4.16

Façamos o mesmo desenvolvimento do terceiro exemplo, Subseção 4.4.1,

$$\begin{aligned} \text{sen}^n\theta\,d\theta &= -\,\text{sen}^{n-1}\theta\,d\left(\cos\theta\right) \\ &= -\,d\left(\text{sen}^{n-1}\theta\cos\theta\right) + d\left(\text{sen}^{n-1}\theta\right)\cos\theta \\ &= -\,d\left(\text{sen}^{n-1}\theta\cos\theta\right) + (n-1)\,\text{sen}^{n-2}\theta\cos^2\theta\,d\theta \\ &= -\,d\left(\text{sen}^{n-1}\theta\cos\theta\right) + (n-1)\,\text{sen}^{n-2}\theta\left(1-\text{sen}^2\theta\right)d\theta \\ &= -\,d\left(\text{sen}^{n-1}\theta\cos\theta\right) + (n-1)\,\text{sen}^{n-2}\theta\,d\theta - (n-1)\,\text{sen}^n\theta\,d\theta \end{aligned}$$

Assim,

$$n\,\text{sen}^n\theta\,d\theta = -\,d\left(\text{sen}^{n-1}\theta\cos\theta\right) + (n-1)\,\text{sen}^{n-2}\theta\,d\theta$$

$$\Rightarrow \quad \int \text{sen}^n\theta\,d\theta = -\frac{1}{n}\,\text{sen}^{n-1}\theta\cos\theta + \frac{n-1}{n}\int \text{sen}^{n-2}\theta\,d\theta + C$$

Exercício 4.18 - a

Vamos seguir o caminho mencionado no terceiro exemplo da Subseção 4.4.1, ou seja, substituindo $\text{sen}^4\theta$ por $\left(1-\cos^2\theta\right)^2$

$$\begin{aligned} \int \text{sen}^5\theta\,d\theta &= \int \text{sen}^4\theta\,\text{sen}\,\theta\,d\theta = \int \left(1-\cos^2\theta\right)^2\text{sen}\,\theta\,d\theta \\ &= \int \left(1-2\cos^2\theta+\cos^4\theta\right)\text{sen}\,\theta\,d\theta \\ &= -\cos\theta + \frac{2}{3}\cos^3\theta - \frac{1}{5}\cos^5\theta + C \end{aligned}$$

Para que fique com a mesma aparência da encontrada no terceiro exemplo, é só reescrever $\cos^4\theta$ na última parcela em termos de seno.

Exercício 4.18 - b

Aqui, como o expoente do seno é par, substituição semelhante à anterior não seria eficiente pois faltaria o fator $\operatorname{sen}\theta\, d\theta$ para completar as integrações. Poderíamos usar diretamente a relação (4.57). Vamos seguir o desenvolvimento que nos levou a ela (que foi feito também no terceiro exemplo da Subseção 4.4.1).

$$\begin{aligned}
\operatorname{sen}^4\theta\, d\theta &= -\operatorname{sen}^3\theta\, d\left(\cos\theta\right) \\
&= -d\left(\operatorname{sen}^3\theta\cos\theta\right) + d\left(\operatorname{sen}^3\theta\right)\cos\theta \\
&= -d\left(\operatorname{sen}^3\theta\cos\theta\right) + 3\operatorname{sen}^2\theta\cos^2\theta\, d\theta \\
&= -d\left(\operatorname{sen}^3\theta\cos\theta\right) + 3\operatorname{sen}^2\theta\left(1 - \operatorname{sen}^2\theta\right) d\theta \\
&= -d\left(\operatorname{sen}^3\theta\cos\theta\right) + 3\operatorname{sen}^2\theta\, d\theta - 3\operatorname{sen}^4\theta\, d\theta
\end{aligned}$$

Assim,

$$\operatorname{sen}^4\theta\, d\theta = -\frac{1}{4}\, d\left(\operatorname{sen}^3\theta\cos\theta\right) + \frac{3}{4}\operatorname{sen}^2\theta\, d\theta$$

Façamos o mesmo com $\operatorname{sen}^2\theta\, d\theta$ (ou o que vimos no sexto exemplo),

$$\operatorname{sen}^2\theta\, d\theta = -\frac{1}{2}\, d\left(\operatorname{sen}\theta\cos\theta\right) + \frac{1}{2}\, d\theta$$

Substituindo na relação anterior, diretamente obtemos a integral,

$$\int \operatorname{sen}^4\theta\, d\theta = -\frac{1}{4}\operatorname{sen}^3\theta\cos\theta - \frac{3}{8}\operatorname{sen}\theta\cos\theta + \frac{3}{8}\theta + C$$

Exercício 4.21

Pelos dados da Figura C.16, temos

$$\begin{aligned}
& \overline{F'P} + \overline{FP} = 2a \\
\Rightarrow\quad & \sqrt{(c+x)^2 + y^2} + \sqrt{(x-c)^2 + y^2} = 2a \\
\Rightarrow\quad & (c+x)^2 + y^2 = 4a^2 + (x-c)^2 + y^2 - 4a\sqrt{(x-c)^2 + y^2} \\
\Rightarrow\quad & cx - a^2 = -a\sqrt{(x-c)^2 + y^2} \\
\Rightarrow\quad & c^2 x^2 + a^4 - a^2 x^2 - a^2 c^2 - a^2 y^2 = 0 \\
\Rightarrow\quad & b^2 x^2 + a^2 y^2 = a^2 b^2 \qquad \leftarrow \qquad a^2 = b^2 + c^2 \\
\Rightarrow\quad & \frac{x^2}{a^2} + \frac{y^2}{b^2} = 1
\end{aligned}$$

A relação $a^2 = b^2 + c^2$, usada na penúltima passagem, é obtida considerando o caso particular do ponto P sobre o eixo y.

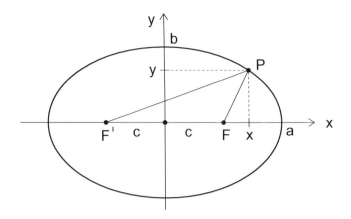

Figura C.16: Exercício 4.21

Exercício 4.23

Usa-se a relação $\overline{F'P} + \overline{FP} = 2a$ para os dados da Figura C.17. Assim,

$$\begin{aligned}
\overline{F'P} + \overline{FP} = 2a &\Rightarrow r + \sqrt{r^2 + 4c^2 - 4rc\cos(\pi - \theta)} = 2a \\
&\Rightarrow (r - 2a)^2 = r^2 + 4c^2 - 4rc\cos(\pi - \theta) \\
&\Rightarrow ra + rc\cos\theta = a^2 - c^2 \\
&\Rightarrow r\left(1 + \frac{c}{a}\cos\theta\right) = a\left(1 - \frac{c^2}{a^2}\right) \\
&\Rightarrow r = \frac{a(1 - \epsilon^2)}{1 + \epsilon\cos\theta}
\end{aligned}$$

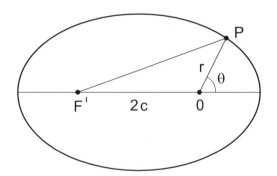

Figura C.17: Exercício 4.22

Exercício 4.25

Pode ser obtida diretamente da equação da elipse, em coordenadas cartesianas, fazendo $x = r\cos\theta$ e $y = r\,\text{sen}\,\theta$,

$$r^2 \left(\frac{\cos^2 \theta}{a^2} + \frac{\sin^2 \theta}{b^2} \right) = 1 \quad \Rightarrow \quad r = \frac{ab}{\sqrt{a^2 \sin^2 \theta + b^2 \cos^2 \theta}}$$

Exercício 4.27

A Figura C.18 mostra o gráfico da curva a fim de termos melhor visualização do problema (mas os cálculos podem ser feitos sem a ajuda dele). O elemento de linha dl em coordenadas polares é dado pela relação (4.63). Usando-o para equação da curva, temos

$$\begin{aligned} dl &= \sqrt{a^2 \sin^2 \theta + a^2 \left(1 + \cos \theta\right)^2} \, d\theta \quad \leftarrow \quad dr = -a \sin \theta \, d\theta \\ &= \sqrt{2}\, a \sqrt{1 + \cos \theta}\, d\theta \\ &= 2a \left| \cos \frac{\theta}{2} \right| d\theta \end{aligned}$$

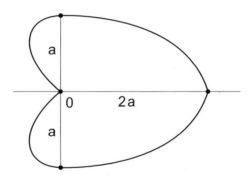

Figura C.18: Exercício 4.27

Houve o cuidado de escrever o resultado com o módulo de $\cos(\theta/2)$ porque o elemento diferencial dl é sempre positivo. Como a curva é simétrica em relação ao eixo horizontal (visto tanto pelo gráfico como pela sua equação), podemos fazer a integração de 0 a π [onde $\cos(\theta/2)$ é positivo] e multiplicar o resultado por dois. Assim, obtemos o perímetro,

$$p = 2 \times 2a \int_0^\pi \cos \frac{\theta}{2} \, d\theta = 8a \sin \frac{\theta}{2} \bigg|_0^\pi = 8a$$

Passemos para o cálculo da área, cujo elemento diferencial é dado por (4.64),

$$A = \int_0^{2\pi} \int_0^{a\,(1+\cos\theta\,)} r\,dr\,d\theta$$

$$= \frac{1}{2}\,a^2 \int_0^{2\pi} \left(\,1 + \cos\theta\,\right)^2 d\theta$$

$$= \frac{1}{2}\,a^2 \int_0^{2\pi} \left(\,1 + 2\cos\theta + \frac{1 + \cos 2\theta}{2}\,\right) d\theta$$

$$= \frac{1}{2}\,a^2 \int_0^{2\pi} \left(\,\frac{3}{2} + 2\cos\theta + \frac{1}{2}\cos 2\theta\,\right) d\theta$$

$$= \frac{1}{2}\,a^2 \left(\,\frac{3}{2}\,\theta + 2\,\mathrm{sen}\,\theta + \frac{1}{4}\,\mathrm{sen}\,2\theta\,\right)\Bigg|_0^{2\pi} d\theta$$

$$= \frac{3}{2}\,\pi\,a^2$$

No cálculo da área, não houve necessidade de cuidado em relação ao sinal do integrando. Partimos diretamente do elemento dA, dado por (4.64), que é positivo em todos os pontos.

Exercício 4.28

Comecemos com um comentário geral que ajudará no desenvolvimento. A equação da curva $r = a\cos\theta$ está em coordenadas polares. Os limites das variáveis são $r \geq 0$ e $0 \leq \theta \leq 2\pi$. Assim, do jeito como foi escrita, θ deve possuir os valores pedidos no primeiro caso, ou seja, $-\pi/2 \leq \theta \leq \pi/2$, que correspondem ao primeiro e quarto quadrantes. Para outros valores de θ, a variável r ficaria negativa. Por isso é que se teve o cuidado de escrever $\left|\cos\theta\right|$ nos casos seguintes.

Também, como na solução do exercício anterior, comecemos mostrando os gráficos das curvas (não que precisemos deles, é apenas para ajudar). O primeiro caso corresponde à Figura C.19. Usando os elementos de linha e de área, dados por (4.63) e (4.64), diretamente obtemos

$$p = \int_{-\pi/2}^{+\pi/2} \sqrt{a^2\,\mathrm{sen}^2\,\theta + a^2\cos^2\theta}\;d\theta = a \int_{-\pi/2}^{+\pi/2} d\theta = \pi a$$

$$A = \int_{-\pi/2}^{+\pi/2} \int_0^{a\cos\theta} r\,dr\,d\theta = \int_{-\pi/2}^{+\pi/2} \frac{r^2}{2}\Bigg|_0^{a\cos\theta}$$

$$= \frac{a^2}{2} \int_{-\pi/2}^{+\pi/2} \cos^2\theta\;d\theta = \frac{a^2}{4} \int_{-\pi/2}^{+\pi/2} \left(\,1 + \cos 2\theta\,\right) d\theta$$

$$= \frac{a^2}{4} \left(\,\theta + \frac{1}{2}\,\mathrm{sen}\,2\theta\,\right)\Bigg|_{-\pi/2}^{+\pi/2} = \frac{1}{4}\,\pi a^2$$

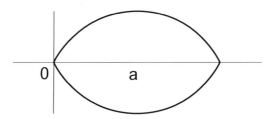

Figura C.19: Exercício 4.28

O segundo caso corresponde ao gráfico da Figura C.20. A curva está na região do segundo e quarto quadrantes e é simétrica à anterior em relação ao eixo vertical. Os resultados, portanto, são os mesmos. O último está relacionado ao gráfico da Figura C.21. O perímetro e a área são o dobro.

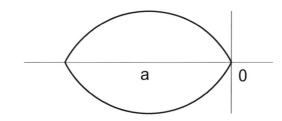

Figura C.20: Exercício 4.28

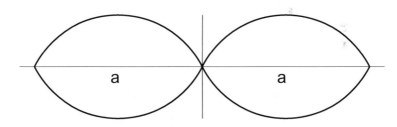

Figura C.21: Exercício 4.28

Exercício 4.30

O processo de resolução é semelhante a muitos que temos feito, usando substituições trigonométricas para eliminar a raiz quadrada. Temos, apenas, de preparar o termo que está dentro da raiz para fazer a substituição. Façamos isto separadamente,

$$a + bu - cu^2 = c\left(\frac{a}{c} + \frac{bu}{c} - u^2\right)$$

$$= c\left[\frac{a}{c} + \frac{b^2}{4c^2} - \left(u - \frac{b}{2c}\right)^2\right]$$

$$= \frac{1}{4c}\left[b^2 + 4ac - (2cu - b)^2\right]$$

Seja, agora, a mudança de variável,

$$2cu - b = \sqrt{b^2 + 4ac}\ \cos\alpha$$

Assim,

$$\sqrt{a + bu - cu^2} = \frac{1}{2\sqrt{c}} = \sqrt{b^2 + 4ac}\ \mathrm{sen}\,\alpha$$

$$du = -\frac{1}{2c}\sqrt{b^2 + 4ac}\ \mathrm{sen}\,\alpha\,d\alpha$$

E a integral é diretamente resolvida

$$\int \frac{du}{\sqrt{a + bu - cu^2}} = -\frac{1}{\sqrt{c}}\int d\alpha = -\frac{1}{\sqrt{c}}\alpha + C$$

$$= \frac{1}{\sqrt{c}}\arccos\left(\frac{2cx - b}{\sqrt{b^2 + 4ac}}\right) + C$$

Exercício 4.31 - a

Façamos a mudança de variável

$$x = a\,\mathrm{sen}\,\alpha$$

que é compatível compatível com os limites de x, para elimina a raiz quadrada,

$$\sqrt{a^2 - x^2} = a\cos\alpha$$

$$dx = a\cos\alpha\,d\alpha$$

Assim,

$$\int \frac{x^3\,dx}{\sqrt{a^2 - x^2}} = a^3\int \mathrm{sen}^3\,\alpha\,d\alpha = a^3\int\left(1 - \cos^2\alpha\right)\mathrm{sen}\,\alpha\,d\alpha$$

$$= a^3\left(-\cos\alpha + \frac{\cos^3\alpha}{3}\right) + C$$

$$= a^3\sqrt{1 - \mathrm{sen}^2\,\alpha}\left(\frac{1 - \mathrm{sen}^2\,\alpha}{3} - 1\right) + C$$

$$= \frac{1}{3}\sqrt{a^2 - x^2}\left(2a^2 + x^2\right) + C$$

A penúltima e a última passagens foram para voltar à variável inicial. Integrais desse tipo foram resolvidas por partes no Capítulo 3.

Exercício 4.32

Comecemos, então, com a integral,

$$\int \sec\theta \tan\theta \, d\theta$$

Como foi mencionado, se lembrássemos da relação (4.33), ou a tivéssemos visto, poderíamos diretamente escrever que a resposta é $\sec\theta + C$. Vamos supor que não aconteceu nem uma coisa nem outra e queremos resolvê-la a partir das integrais que sabemos (envolvendo seno e cosseno).

$$\int \sec\theta \tan\theta \, d\theta = \int \frac{1}{\cos\theta} \frac{\operatorname{sen}\theta}{\cos\theta} \, d\theta = -\int \cos^{-2}\theta \, d\cos\theta = \sec\theta + C$$

Já a integral de $\sec^2\theta$ não é tão direta. Os passos são quase o processo inverso da derivação de $\tan\theta$.

$$\sec^2\theta \, d\theta = \frac{1}{\cos^2\theta} \, d\theta = \frac{\operatorname{sen}^2\theta + \cos^2\theta}{\cos^2\theta} \, d\theta = \frac{\operatorname{sen}^2\theta}{\cos^2\theta} \, d\theta + d\theta$$

Desenvolvendo o primeiro termo, temos

$$\frac{\operatorname{sen}^2\theta}{\cos^2\theta} \, d\theta = \operatorname{sen}\theta \, d\cos^{-1}\theta$$

E o segundo, vemos que pode ser escrito convenientemente como,

$$d\theta = \cos^{-1}\theta \, d\operatorname{sen}\theta$$

Assim, os dois juntos correspondem à diferencial do produto $\operatorname{sen}\theta \cos^{-1}\theta$, que é a tangente de θ.

Exercício 4.35 - a

Fazendo $x = \operatorname{sen}\alpha$, temos

$$\int \operatorname{arc\,sen} x \, dx = \int \alpha \, d(\operatorname{sen}\alpha) = \int \left[d(\alpha \operatorname{sen}\alpha) - \operatorname{sen}\alpha \, d\alpha \right]$$

$$= \alpha \operatorname{sen}\alpha + \cos\alpha + C = x \operatorname{arc\,sen} x + \sqrt{1 - x^2} + C$$

Exercício 4.35 - d

Façamos, agora, $x = \tan\alpha$

$$
\begin{aligned}
\int x \arctan x \, dx &= \int \alpha \tan\alpha \sec^2\alpha \, d\alpha = \int \alpha \, \mathrm{sen}\,\alpha \cos^{-3}\alpha \, d\alpha \\
&= \frac{1}{2} \int \alpha \, d\left(\cos^{-2}\alpha\right) = \frac{1}{2} \int \left[\, d\left(\alpha \cos^{-2}\alpha\right) - \sec^2\alpha \, d\alpha \,\right] \\
&= \frac{1}{2}\, \alpha \sec^2\alpha - \frac{1}{2} \tan\alpha + C \\
&= \frac{1}{2}\left(1 + x^2\right) \arctan x - \frac{1}{2}\, x + C
\end{aligned}
$$

Exercício 5.2

Seja a função exponencial,

$$
y = a^x
$$

Vimos que ela é equivalente a

$$
x = \log_a y
$$

Como sabemos a derivada da função logaritmo, derivamos ambos os lados da relação acima com respeito a x para obter dy/dx,

$$
1 = \frac{1}{y} \log_a e \, \frac{dy}{dx} \quad \Rightarrow \quad \frac{dy}{dx} = \frac{a^x}{\log_a e}
$$

Exercício 5.3

Usando a definição de derivada na função exponencial, temos

$$
\begin{aligned}
\frac{d}{dx}\, a^x &= \lim_{\Delta x \to 0} \frac{a^{x+\Delta x} - a^x}{\Delta x} \\
&= a^x \lim_{\Delta x \to 0} \frac{a^{\Delta x} - 1}{\Delta x}
\end{aligned}
$$

O problema, como sempre, é obter o limite que está oculto pelo símbolo de indeterminação, no caso $0/0$. Pela experiência do desenvolvimento feito na Seção 4.1, o valor deste limite está relacionado ao logaritmo de e na base a. Façamos, então,

$$
a^{\Delta x} - 1 = b \quad \Rightarrow \quad \Delta x = \log_a\left(1 + b\right)
$$

Substituindo no resultado acima, temos

$$\frac{d}{dx}\,a^x = a^x \lim_{b \to 0} \frac{b}{\log_a (1+b)}$$

$$= a^x \lim_{b \to 0} \frac{1}{\dfrac{1}{b}\,\log_a (1+b)}$$

$$= a^x \lim_{b \to 0} \frac{1}{\log_a (1+b)^{1/b}}$$

$$= a^x \frac{1}{\log_a \lim_{b \to 0} (1+b)^{1/b}}$$

$$= a^x \frac{1}{\log_a e}$$

em que, na última linha, usamos a relação (5.12).

Agora, para obter a derivada da função $y = \log_a x$, procedemos como no exercício anterior. Sabendo que ela é equivalente a $x = a^y$, derivemos ambos os lados em relação a x,

$$1 = a^y \frac{1}{\log_a e}\frac{dy}{dx} \quad \Rightarrow \quad \frac{dy}{dx} = a^{-y}\log_a e = \frac{1}{x}\log_a e$$

Exercício 5.4 - a

Pode ser vista como equação do segundo grau cuja variável é e^x. Normalmente, usa-se uma conhecida fórmula. Nada impede que se use, mas a solução é bem mais simples sem fórmula. Basta combinar os dois primeiros termos para que formem um binômio elevado ao quadrado,

$$e^{2x} + 3e^x - 4 = 0 \quad \Rightarrow \quad \left(e^x + \frac{3}{2}\right)^2 = \frac{9}{4} + 4$$

$$\Rightarrow \quad e^x + \frac{3}{2} = \frac{5}{2} \quad \Rightarrow \quad e^x = 1 \quad \Rightarrow \quad x = 0$$

Não foi considerada a solução negativa porque e^x é positivo (campo real).

Exercício 5.5 - f

É uso direto de (5.15) junto com a propriedade da derivada de função de função,

$$\frac{dy}{dx} = \frac{1}{\operatorname{sen} x}\frac{d}{dx}\operatorname{sen} x = \cot x$$

Lembro o que disse no Capítulo 4, final da Seção 4.4. A integral de $\cot x$ poderia ser diretamente visualizada pela função $\ln(\operatorname{sen} x)$. Entretanto, sua obtenção é também conseguida fazendo uma simples modificação no integrando.

Exercício 5.5 - h

O desenvolvimento é semelhante ao que foi feito no exercício 5.5 - f,

$$\frac{dy}{dx} = \frac{1}{\sec x + \tan x}\left(\sec x \tan x + \sec^2 x\right) = \sec x$$

Aqui, também podemos ver que a integral de $\sec x$ é $\ln\left(\sec x + \tan x\right)$. Entretanto, as modificações do integrando para se chegar a ela não são tão diretas como no caso anterior.

Exercício 5.9

$$\begin{aligned}
\cosh^2\alpha - \operatorname{senh}^2\alpha &= \frac{1}{4}\left(e^{\alpha} + e^{-\alpha}\right)^2 - \frac{1}{4}\left(e^{\alpha} - e^{-\alpha}\right)^2 \\
&= \frac{1}{4}\left(e^{2\alpha} + e^{-2\alpha} + 2\right) - \frac{1}{4}\left(e^{2\alpha} + e^{-2\alpha} - 2\right) \\
&= 1
\end{aligned}$$

Só a título de ilustração, podemos também verificar a relação trigonométrica $\operatorname{sen}^2\alpha + \cos^2\alpha = 1$, usando (5.21),

$$\begin{aligned}
\operatorname{sen}^2\alpha + \cos^2\alpha &= -\frac{1}{4}\left(e^{i\alpha} - e^{-i\alpha}\right)^2 + \frac{1}{4}\left(e^{i\alpha} + e^{-i\alpha}\right)^2 \\
&= -\frac{1}{4}\left(e^{2i\alpha} + e^{-2i\alpha} - 2\right) + \frac{1}{4}\left(e^{2i\alpha} + e^{-2i\alpha} + 2\right) \\
&= 1
\end{aligned}$$

Exercício 5.10

Para a primeira,

$$\operatorname{senh}\left(\alpha + \beta\right) = \frac{e^{\alpha+\beta} - e^{-\alpha-\beta}}{2} \pm \frac{e^{\alpha-\beta}}{4} \pm \frac{e^{-\alpha+\beta}}{4}$$

em que somamos e subtraímos as quantidades à direita. Agora, é só agrupar convenientemente os termos.

$$\begin{aligned}
\frac{e^{\alpha+\beta} - e^{-\alpha-\beta}}{4} + \frac{e^{\alpha-\beta}}{4} - \frac{e^{-\alpha+\beta}}{4} &= \frac{1}{4}\left(e^{\alpha} - e^{-\alpha}\right)\left(e^{\beta} + e^{-\beta}\right) \\
&= \operatorname{senh}\alpha\,\cosh\beta
\end{aligned}$$

$$\begin{aligned}
\frac{e^{\alpha+\beta} - e^{-\alpha-\beta}}{4} - \frac{e^{\alpha-\beta}}{4} + \frac{e^{-\alpha+\beta}}{4} &= \frac{1}{4}\left(e^{\alpha} + e^{-\alpha}\right)\left(e^{\beta} - e^{-\beta}\right) \\
&= \cosh\alpha\,\operatorname{senh}\beta
\end{aligned}$$

Substituindo na relação inicial, obtém-se a expressão de $\operatorname{senh}(\alpha + \beta)$.

A segunda é obtida também somando e subtraindo as mesmas quantidades,

$$\cosh(\alpha + \beta) = \frac{e^{\alpha+\beta} + e^{-\alpha-\beta}}{2} \pm \frac{e^{\alpha-\beta}}{4} \pm \frac{e^{-\alpha+\beta}}{4}$$

e também agrupando os termos convenientemente,

$$\frac{e^{\alpha+\beta} + e^{-\alpha-\beta}}{4} + \frac{e^{\alpha-\beta}}{4} + \frac{e^{-\alpha+\beta}}{4} = \frac{1}{4}\left(e^{\alpha} + e^{-\alpha}\right)\left(e^{\beta} + e^{-\beta}\right)$$
$$= \cosh\alpha \, \cosh\beta$$

$$\frac{e^{\alpha+\beta} + e^{-\alpha-\beta}}{4} - \frac{e^{\alpha-\beta}}{4} - \frac{e^{-\alpha+\beta}}{4} = \frac{1}{4}\left(e^{\alpha} - e^{-\alpha}\right)\left(e^{\beta} - e^{-\beta}\right)$$
$$= \operatorname{senh}\alpha \, \operatorname{senh}\beta$$

A exemplo do que foi feito no exercício anterior, também poderíamos demonstrar as relações trigonométricas semelhantes usando (5.21).

Exercício 5.14

Desenvolvamos os termos $e^{i\omega t}$ e $e^{-i\omega t}$ de (5.35) usando a fórmula de Euler,

$$\begin{aligned}
x(t) &= C_1\left(\cos\omega t + i\operatorname{sen}\omega t\right) + C_2\left(\cos\omega t - i\operatorname{sen}\omega t\right) \\
&= \left(C_1 + C_2\right)\cos\omega t + i\left(C_1 - C_2\right)\operatorname{sen}\omega t \\
&= A\operatorname{sen}\alpha\cos\omega t + A\cos\alpha\operatorname{sen}\omega t \\
&= A\operatorname{sen}\left(\omega t + \alpha\right)
\end{aligned}$$

Na segunda linha, os fatores $(C_1 + C_2)$ e $i(C_1 - C_2)$ são reais (caso contrário, a expressão não faria sentido pois o lado esquerdo é real). Na última, apenas reescrevemos esses fatores em termos de dois outros, A e α.

Exercício 5.15 - b

Sabendo que a derivada de $\ln x$ é $1/x$, podemos diretamente escrever o resultado da integral,

$$\int \ln x \, dx = x\ln x - x + C$$

A derivada do fator x fornece o integrando mas, depois, a derivada de $\ln x$, multiplicada por x dá 1. É justamente por isso que na solução há o $-x$. Sua derivada cancelará o 1 do termo anterior.

Vamos calculá-la de maneira formal, através de modificações no integrando. Consideremos $x = e^{u}$. Assim,

$$\ln x \, dx = u \, d\left(e^u\right) = d\left(u \, e^u\right) - e^u \, du$$

E a integral é resolvida (na última linha voltou-se à variável x),

$$\int \ln x \, dx = \int d\left(u \, e^u\right) - \int e^u \, du$$
$$= u \, e^u - e^u + C =$$
$$= x \ln x - x + C$$

Exercício 5.15 - i

Vamos modificar o integrando fazendo a substituição $x = 10^u$,

$$x^3 \log x \, dx = 10^{3u} \, u \, \frac{10^u}{\log e} \, du = u \, \frac{10^{4u}}{\log e} \, du = \frac{1}{4} \, u \, d\left(10^{4u}\right)$$
$$= \frac{1}{4} \, d\left(u \, 10^{4u}\right) - \frac{1}{4} \, 10^{4u} \, du$$

Com esta modificação, e usando (5.40), a integral é feita diretamente,

$$\int x^3 \log x \, dx = \frac{1}{4} \, u \, 10^{4u} - \frac{\log e}{16} \, 10^{4u} + C$$
$$= \frac{1}{4} \, x^4 \left(\log x - \frac{\log e}{4}\right) + C$$

Só um comentário. A modificação inicial, através de $x = 10^u$, foi motivada pela função logaritmo (base decimal) do integrando. Não é obrigatória. Vamos repetir o desenvolvimento partindo da substituição $x = e^u$,

$$x^3 \log x \, dx = e^{3u} \, u \log e \, e^u \, du = \log e \, u \, e^{4u} \, du = \frac{\log e}{4} \, u \, d\left(e^{4u}\right)$$
$$= \frac{\log e}{4} \, d\left(u \, e^{4u}\right) - \frac{\log e}{4} \, e^{4u} \, du$$

A integração, agora, é feita com o uso de (5.39),

$$\int x^3 \log x \, dx = \frac{\log e}{4} \, u \, e^{4u} - \frac{\log e}{16} \, e^{4u} + C$$
$$= \frac{1}{4} \, x^4 \left(\log x - \frac{\log e}{4}\right) + C$$

Exercício 5.15 - n

Se lembrarmos que a derivada de $\ln(\cos x)$ é igual a $-\tan x$, o resultado da integral pode ser escrito diretamente. Se não, o desenvolvimento também é simples, é o uso de (5.38),

$$\int \tan x \, dx = \int \frac{\operatorname{sen} x}{\cos x} \, dx = -\int \frac{d(\cos x)}{\cos x} = -\ln(\cos x) + C$$

Exercício 5.15 - o

Agora, o mesmo não acontece. Se não lembrarmos (ou visualizarmos) que $\sec x$ é o resultado da derivada de $\ln(\sec x + \tan x)$ a solução não é tão simples. Chega a ser um pouco artificiosa, mas é interessante. Primeiramente, temos que o integrando $\sec x \, dx$ pode ser reescrito de duas maneiras,

$$\sec x \, dx = \sec x \, \frac{d(\tan x)}{\sec^2 x} = \frac{1}{\sec x} \, d(\tan x)$$

$$\sec x \, dx = \sec x \, \frac{d(\sec x)}{\sec x \tan x} = \frac{1}{\tan x} \, d(\sec x)$$

A integral é conseguida, multiplicando a primeira por $\sec x$, a segunda por $\tan x$ e somando os resultados,

$$\left(\sec^2 x + \sec x \tan x \right) dx = d\left(\sec x + \tan x \right)$$

$$\Rightarrow \quad \sec x \, dx = \frac{d\left(\sec x + \tan x \right)}{\sec x + \tan x}$$

$$\Rightarrow \quad \int \sec x \, dx = \ln\left(\sec x + \tan x \right) + C$$

Exercício 5.19

Chamando de μN a força de atrito cinético, em que μ é o coeficiente de atrito e $N = mg$, temos, pela segunda lei de Newton,

$$ma = -bv - \mu\, mg$$

Da qual obtemos o elemento diferencial,

$$\frac{dv}{v + \dfrac{\mu\, mg}{b}} = -\frac{b}{m} \, dt$$

E a integral, pelo que já vimos na seção, é feita diretamente,

$$\ln\left(v + \frac{\mu\, mg}{b} \right)\Bigg|_V^v = -\frac{b}{m}\Bigg|_0^t$$

$$\Rightarrow \quad \ln \frac{v + \dfrac{\mu\, mg}{b}}{V + \dfrac{\mu\, mg}{b}} = -\frac{b}{m} t \quad \Rightarrow \quad \frac{v + \dfrac{\mu\, mg}{b}}{V + \dfrac{\mu\, mg}{b}} = e^{-bt/m}$$

$$\Rightarrow \quad v(t) = \left(V + \frac{\mu\, mg}{b} \right) e^{-bt/m} - \frac{\mu\, mg}{b}$$

Como os tipos de força que atuam sobre o corpo não são capazes de mudar o sentido da velocidade, o resultado acima só vale até $v = 0$. Assim, o tempo do movimento pode ser calculado,

$$v = 0 \quad \Rightarrow \quad \left(V + \frac{\mu\,mg}{b}\right) e^{-bt/m} = \frac{\mu\,mg}{b}$$

$$\Rightarrow \quad \ln\left(V + \frac{\mu\,mg}{b}\right) - \frac{b}{m}\,t = \ln\frac{\mu\,mg}{b}$$

$$\Rightarrow \quad t = \frac{m}{b}\ln\left(1 + \frac{bV}{\mu\,mg}\right)$$

Da expressão de $v(t)$, obtém-se o elemento diferencial para a posição. A integral é diretamente calculada,

$$x(t) = -\frac{m}{b}\left(V + \frac{\mu\,mg}{b}\right) e^{-bt/m}\Big|_0^t - \frac{\mu\,mg}{b}\,t$$

$$= \frac{m}{b}\left(V + \frac{\mu\,mg}{b}\right)\left(1 - e^{-bt/m}\right) - \frac{\mu\,mg}{b}\,t$$

A distância percorrida até parar é obtida substituindo o tempo visto no item anterior. O resultado é

$$D = \frac{mV}{b} - \frac{\mu\,m^2 g}{b^2}\ln\left(1 + \frac{b\,V}{\mu\,mg}\right)$$

Exercício 5.20

Partimos da segunda lei de Newton sem dependência temporal,

$$mv\,\frac{dv}{dx} = -\,bv - \mu\,mg$$

$$\Rightarrow \quad \frac{v\,dv}{v + \dfrac{\mu\,mg}{b}} = -\frac{b}{m}\,dx \quad \Rightarrow \quad v\,d\ln\left(v + \frac{\mu\,mg}{b}\right) = -\frac{b}{m}\,dx$$

$$\Rightarrow \quad d\left[v\ln\left(v + \frac{\mu\,mg}{b}\right)\right] - \ln\left(v + \frac{\mu\,mg}{b}\right)dv = -\frac{b}{m}\,dx$$

$$\Rightarrow \quad v\ln\left(v + \frac{\mu\,mg}{b}\right)\Big|_V^0 - \ln\left(v + \frac{\mu\,mg}{b}\right)dv = -\frac{b}{m}\,dx$$

$$\Rightarrow \quad \left[v\ln\left(v + \frac{\mu\,mg}{b}\right) - \left(v + \frac{\mu\,mg}{b}\right)\ln\left(v + \frac{\mu\,mg}{b}\right) + v\right]_V^0 = -\frac{b\,x}{m}\Big|_0^D$$

$$\Rightarrow \quad D = \frac{mV}{b} - \frac{\mu\,m^2 g}{b^2}\ln\left(1 + \frac{b\,V}{\mu\,mg}\right)$$

Exercício 5.22 - e

A substituição adequada, devido aos limites da variável x, é através do cosseno hiperbólico. Assim, fazendo $x = \cosh\alpha$, temos

$$\int \frac{x}{\sqrt{x^2 - 1}}\, dx = \int \frac{\cosh\alpha}{\sqrt{\cosh^2\alpha - 1}}\, \operatorname{senh}\alpha\, d\alpha$$

$$= \int \cosh\alpha\, d\alpha = \operatorname{senh}\alpha + C$$

$$= \sqrt{x^2 - 1} + C$$

Exercício 5.23

Vou resolver de três maneiras. Primeiro, modificando convenientemente o integrando com o intuito de chegar ao de (5.46),

$$x^2 e^{-\alpha x^2} dx = x e^{-\alpha x^2} x\, dx = -\frac{1}{2\alpha}\, x\, d\left(e^{-\alpha x^2}\right)$$

$$= -\frac{1}{2\alpha}\left[d\left(x e^{-\alpha x^2}\right) - e^{-\alpha x^2} dx\right]$$

A integral referente ao primeiro termo é trivial e a do segundo recairá em (5.46),

$$\int_{-\infty}^{+\infty} x^2 e^{-\alpha x^2} dx = -\frac{1}{2\alpha}\, x e^{-\alpha x^2} \Big|_{-\infty}^{+\infty} + \frac{1}{2\alpha}\int_{-\infty}^{+\infty} e^{-\alpha x^2} dx$$

$$= 0 + \frac{1}{2\alpha}\sqrt{\frac{\pi}{\alpha}}$$

No procedimento acima, modificamos o integrando para chegar à integral conhecida. Poderíamos ter feito ao contrário, isto é, partir da integral conhecida até chegar à que queremos resolver. Assim, vamos agora partir de (5.46),

$$\sqrt{\frac{\pi}{\alpha}} = \int_{-\infty}^{+\infty} e^{-\alpha x^2} dx$$

$$= \int_{-\infty}^{+\infty}\left[d\left(e^{-\alpha x^2} x\right) - d\left(e^{-\alpha x^2}\right) x\right]$$

$$= x e^{-\alpha x^2}\Big|_{-\infty}^{+\infty} + 2\alpha \int_{-\infty}^{+\infty} x^2 e^{-\alpha x^2} dx$$

$$= 0 + 2\alpha \int_{-\infty}^{+\infty} x^2 e^{-\alpha x^2} dx$$

$$\Rightarrow \int_{-\infty}^{+\infty} x^2 e^{-\alpha x^2} dx = \frac{1}{2\alpha}\sqrt{\frac{\pi}{\alpha}}$$

Poderíamos, ainda, relacionar (5.46) com a integral que queremos resolver de uma forma bem mais simples,

$$\int_{-\infty}^{+\infty} x^2 e^{-\alpha x^2} dx = -\frac{d}{d\alpha}\int_{-\infty}^{+\infty} e^{-\alpha x^2} dx = -\frac{d}{d\alpha}\sqrt{\frac{\pi}{\alpha}} = \frac{1}{2\alpha}\sqrt{\frac{\pi}{\alpha}}$$

Exercício 5.25

Como os sinais são alternados, verifiquemos a convergência tomando um par de termos consecutivos.

$$\lim_{n \to \infty} \frac{\dfrac{x^{n+3}}{n+3} - \dfrac{x^{n+2}}{n+2}}{\dfrac{x^{n+1}}{n+1} - \dfrac{x^{n}}{n}} = \lim_{n \to \infty} \frac{n\,x^2\,(x-1)}{n\,(x-1)} = x^2$$

Então, a expansão é convergente para $x^2 < 1$. Falta verificar a convergência para $x^2 = 1$. Só um comentário antes de fazer isto. Sabemos que existe logaritmo para qualquer número positivo. O resultado encontrado significa, apenas, que a expansão não atinge todos eles.

Para $x = -1$, a expansão fica,

$$-1 - \frac{1}{2} - \frac{1}{3} - \frac{1}{4} - \cdots$$

que corresponde à série harmônica (divergente). Portanto, para $x = -1$, a série diverge. Apesar disso, está consistente com o valor de $\ln(1+x)$ neste ponto, pois $\ln 0 = -\infty$. Vejamos quanto a $x = 1$,

$$1 - \frac{1}{2} + \frac{1}{3} - \frac{1}{4} + \frac{1}{5} - \frac{1}{6} + \cdots$$

Agrupemos cada par de termos para que a série tenha só termos positivos,

$$\frac{1}{2} + \frac{1}{12} + \frac{1}{30} + \frac{1}{56} + \frac{1}{90} + \cdots$$

Considerando o termos geral desta série, temos

$$\frac{1}{2n\,(2n-1)} = \frac{1}{4}\,\frac{1}{n\,(n-1/2)}$$

Vemos que $1/[\,n\,(n-1/2)\,]$ são menores que $1/n^2$ (termos da série $p = 2$, convergente). Assim, a expansão de $\ln(1+x)$ é convergente para $x = 1$.

Portanto, a convergência da expansão ocorre para $-1 < x \leq 1$.

Exercício A.1

Seja o triângulo ABC mostrado na primeira Figura C.22. Na segunda, P e Q são os pontos médios dos lados $\overline{AB}$ e $\overline{BC}$, respectivamente. Foram colocados vetores unindo esses pontos. Queremos, então, mostrar que $\overrightarrow{AC} = 2\,\overrightarrow{PQ}$.

Pelos vetores marcados na segunda figura, diretamente temos

$$\overrightarrow{AC} = \overrightarrow{AB} + \overrightarrow{BC}$$
$$= 2\vec{a} + 2\vec{b}$$
$$= 2\overrightarrow{PQ}$$

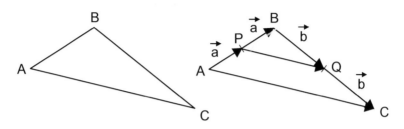

Figura C.22: Exercício A.1

Exercício A.5

A distância entre os pontos P e Q é o módulo de $\overrightarrow{PQ}$. Os vetores da origem O até P e Q são

$$\overrightarrow{OP} = 4\hat{\imath} + 5\hat{\jmath} - 7\hat{k}$$
$$\overrightarrow{OQ} = -3\hat{\imath} + 6\hat{\jmath} - 12\hat{k}$$

Como $\overrightarrow{OP} + \overrightarrow{PQ} = \overrightarrow{OQ}$, temos

$$\overrightarrow{PQ} = \overrightarrow{OQ} - \overrightarrow{OP}$$
$$= 7\hat{\imath} - \hat{\jmath} - 5\hat{k}$$

E a distância entre os pontos P e Q é

$$|\overrightarrow{PQ}| = \sqrt{49 + 1 + 25} = 5\sqrt{5}$$

Exercício A.15

Seja o triângulo inscrito no semicírculo mostrado na Figura C.23, em que foram marcados vetores ao longo da hipotenusa e catetos. O objetivo é mostrar que

$$\vec{b} \cdot \vec{c} = 0$$

Pela orientação escolhida, temos

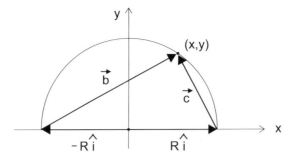

Figura C.23: Exercício A.15

$$-R\,\hat{\imath} + \vec{b} = x\,\hat{\imath} + y\,\hat{\jmath} \;\Rightarrow\; \vec{b} = (x+R)\,\hat{\imath} + y\,\hat{\jmath}$$
$$R\,\hat{\imath} + \vec{c} = x\,\hat{\imath} + y\,\hat{\jmath} \;\Rightarrow\; \vec{c} = (x-R)\,\hat{\imath} + y\,\hat{\jmath}$$

Assim,

$$\vec{b}\cdot\vec{c} = (x+R)(x-R) + y^2$$
$$= x^2 + y^2 - R^2 = 0$$

pois x e y são coordenadas de um ponto sobre o círculo.

Exercício A.16

O losango possui quatro lados iguais e paralelos dois a dois. Chamemos suas diagonais de d e D e marquemos vetores, com a orientação que desejarmos. Veja, por favor, a Figura C.24.

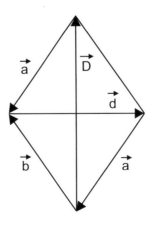

Figura C.24: Exercício A.16

Os vetores $\vec{a}$ e $\vec{b}$ são diferentes, mas possuem o mesmo módulo ($a = b$). Pelas orientações escolhidas, temos que $\vec{d}$ é a resultante entre $-\vec{a}$ e $-\vec{b}$; e $\vec{D}$, entre $-\vec{a}$ e $\vec{b}$. Assim,

$$\vec{d} = -\vec{a} - \vec{b}$$
$$\vec{D} = -\vec{a} + \vec{b}$$

Para provar que são perpendiculares, tomemos o produto escalar entre $\vec{d}$ e $\vec{D}$,

$$\vec{d} \cdot \vec{D} = \left(-\vec{a} - \vec{b}\right) \cdot \left(-\vec{a} + \vec{b}\right)$$
$$= a^2 - b^2 = 0$$

Exercício A.17

Sejam $\vec{d}_1$ e $\vec{d}_2$ os vetores correspondentes às duas diagonais, como mostra a Figura C.25. Assim,

$$\vec{d}_1 = a\,\hat{\imath} + a\,\hat{\jmath} + a\,\hat{k}$$
$$\vec{d}_2 = -a\,\hat{\imath} - a\,\hat{\jmath} + a\,\hat{k}$$

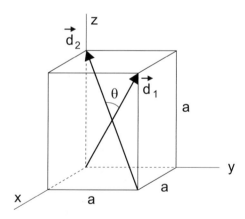

Figura C.25: Exercício A.17

O ângulo entre $\vec{d}_1$ e $\vec{d}_2$ pode ser obtido pela definição do produto escalar,

$$\vec{d}_1 \cdot \vec{d}_2 = d_1 d_2 \cos\theta$$

Por outro lado,

$$\vec{d}_1 \cdot \vec{d}_2 = -a^2 - a^2 + a^2 = -a^2$$
$$d_1^2 = \vec{d}_1 \cdot \vec{d}_1 = 3a^2$$
$$d_2^2 = \vec{d}_2 \cdot \vec{d}_2 = 3a^2$$

212 APÊNDICE C. RESOLUÇÃO DE ALGUNS EXERCÍCIOS

Levando esses resultados na relação anterior, temos,

$$\cos \theta = -\frac{1}{3} \quad \Rightarrow \quad \theta = 109°\,30' \quad \text{ou} \quad \theta = 70°\,30'$$

O segundo resultado é considerando o menor ângulo.

Exercício A.19

Basta tomar três pontos (não colineares) do plano e proceder como se fosse o exercício anterior. Já que temos esta liberdade, tomemos casos bem simples, por exemplo, $A\,(0, 0, -3)$, $B\,(3, 0, 0)$ e $C\,(1, 1, 0)$. Temos, então, os vetores $\overrightarrow{AB}$ e $\overrightarrow{AC}$ sobre o plano,

$$\overrightarrow{AB} = 3\,\hat{\imath} + 3\,\hat{k}$$
$$\overrightarrow{AC} = \hat{\imath} + \hat{\jmath} + 3\,\hat{k}$$

O produto vetorial entre eles é um vetor perpendicular ao plano,

$$\overrightarrow{AB} \times \overrightarrow{AC} = -3\,\hat{\imath} - 6\,\hat{\jmath} + 3\,\hat{k}$$

Assim, o unitário $\hat{u}$ perpendicular ao plano é

$$\hat{u} = \frac{1}{\sqrt{6}}\left(\hat{\imath} + 2\,\hat{\jmath} - \hat{k}\right)$$

Exercício A.22

Consideremos Q um ponto sobre a reta, tal que $\overline{PQ}$ seja perpendicular a ela. Obtendo Q, é só escrever a equação da reta que passa por P e Q. Vamos, então, determinar Q. Partiremos de

$$\overrightarrow{PQ} \cdot \vec{V} = 0$$

em que $\vec{V}$ é um vetor qualquer sobre a reta. Sejam $A\,(0, -1)$ e $B\,(1, 1)$ dois pontos da reta. Assim, podemos identificar $\vec{V}$,

$$\vec{V} = \overrightarrow{AB} = \hat{\imath} + 2\,\hat{\jmath}$$

Tomando (x, y) como as coordenadas de Q, temos

$$\overrightarrow{PQ} \cdot \vec{V} = \left[(x - 1)\,\hat{\imath} + (y - 2)\,\hat{\jmath}\right] \cdot \left(\hat{\imath} + 2\,\hat{\jmath}\right) = 0 \quad \Rightarrow \quad x + 2\,y = 5$$

Como o ponto Q está sobre a reta, suas coordenadas também são satisfeitas pela equação da reta. Resolvendo o sistema formado por essas duas equações, temos que as coordenadas de Q são

$$Q\left(\frac{7}{5}, \frac{9}{5}\right)$$

Considerando a forma geral da equação da reta, $y = ax+b$, diretamente obtemos a equação da reta que passa por P e Q,

$$y = -\frac{1}{2}x + \frac{5}{2}$$

Exercício A.23

Adotaremos o seguinte procedimento (naturalmente, caso prefira, o estudante pode usar outro). Calcularemos um vetor $\vec{V}$ perpendicular ao plano. Depois, acharemos qual ponto Q do plano que leva ao vetor $\overrightarrow{PQ}$ paralelo a $\vec{V}$. O módulo de $\overrightarrow{PQ}$ é a distância procurada.

Para calcular $\vec{V}$, procedemos como no exercício A.19. Tomemos três pontos do plano, $A(0,0,-4)$, $B(0,2,0)$ e $C(4,0,0)$. Assim,

$$\overrightarrow{AB} = 2\hat{\jmath} + 4\hat{k}$$
$$\overrightarrow{AC} = 4\hat{\imath} + 4\hat{k}$$

De maneira simplificada, consideremos que $\vec{V}$ seja o produto vetorial entre $\hat{\jmath} + 2\hat{k}$ e $\hat{\imath} + \hat{k}$,

$$\vec{V} = \left(\hat{\jmath} + 2\hat{k}\right) \times \left(\hat{\imath} + \hat{k}\right) = \hat{\imath} + 2\hat{\jmath} - \hat{k}$$

Por outro lado, a forma geral de $\overrightarrow{PQ}$, sendo $Q(x,y)$ um ponto do plano, é

$$\overrightarrow{PQ} = (x-1)\hat{\imath} + (y-2)\hat{\jmath} + (z+1)\hat{k}$$

Para que $\overrightarrow{PQ}$ seja paralelo a $\vec{V}$, deveremos ter $x-1$, $y-2$ e $z+1$ proporcionais respectivamente a 1, 2 e -1. Assim,

$$\frac{x-1}{1} = \frac{y-2}{2} \quad \Rightarrow \quad y = 2x$$
$$\frac{x-1}{1} = \frac{z+1}{-1} \quad \Rightarrow \quad z = -x$$

Como o ponto Q pertence ao plano, $x + 2y - z = 4$. Resolvendo o sistema formado por essas três equações, obtemos as coordenadas de Q,

$$Q\left(\frac{2}{3}, \frac{4}{3}, -\frac{2}{3}\right)$$

Então,

$$\overrightarrow{PQ} = \left(\frac{2}{3} - 1\right)\hat{\imath} + \left(\frac{4}{3} - 2\right)\hat{\jmath} + \left(-\frac{2}{3} + 1\right)\hat{k}$$

$$= -\frac{1}{3}\,\hat{\imath} - \frac{2}{3}\,\hat{\jmath} + \frac{1}{3}\,\hat{k}$$

E a distância do ponto P ao plano é,

$$|\overrightarrow{PQ}| = \frac{1}{3}\sqrt{1 + 4 + 1} = \frac{\sqrt{6}}{3} = 0,82$$

Exercício A.24

Multiplicando escalarmente a relação (A.18) por $\vec{b}$, o desenvolvimento é bem semelhante ao que foi feito no texto. Consideremos a multiplicação por $\vec{c}$,

$$\vec{c} \cdot \vec{c} = \left(\vec{a} + \vec{b}\right) \cdot \left(\vec{a} + \vec{b}\right) \;\; \Rightarrow \;\; c^2 = a^2 + b^2 + 2\,\vec{a} \cdot \vec{b}$$
$$\Rightarrow \;\; c^2 = a^2 + b^2 + 2\,ab\cos\left(180° - \gamma\right)$$
$$\Rightarrow \;\; c^2 = a^2 + b^2 - 2\,ab\cos\gamma$$

Só um detalhe. Vamos supor que fizéssemos o desenvolvimento acima sem substituir $\vec{c}$ por $\vec{a} + \vec{b}$,

$$\vec{c} \cdot \vec{c} = \left(\vec{a} + \vec{b}\right) \cdot \vec{c} \;\; \Rightarrow \;\; c^2 = \vec{a} \cdot \vec{c} + \vec{b} \cdot \vec{c}$$
$$\Rightarrow \;\; c^2 = ac\cos\beta + bc\cos\alpha$$
$$\Rightarrow \;\; c = a\cos\beta + b\cos\alpha$$

Não obtivemos a lei dos cossenos correspondente, mas o resultado é, matematicamente, consistente. Ele nos diz que o lado c do triângulo é igual às projeções dos lados a e b sobre ele. Este é um exemplo simples de que na Matemática podemos seguir qualquer caminho. Se for (matematicamente) consistente, o resultado também estará correto (carecendo apenas de interpretação).

Exercício A.26

A relação para $\operatorname{sen}(\alpha + \beta)$ é obtida com o uso de (A.20) da seguinte maneira,

$$\operatorname{sen}(\alpha + \beta) = \cos\left(90° - \alpha - \beta\right)$$
$$= \cos\left(90° - \alpha\right)\cos\left(-\beta\right) - \operatorname{sen}\left(90° - \alpha\right)\operatorname{sen}\left(-\beta\right)$$
$$= \operatorname{sen}\alpha\cos\beta + \operatorname{sen}\beta\cos\alpha$$

Na última passagem foram usadas as relações (4.8), (4.9) e (4.15).

Apêndice D

Respostas dos exercícios não resolvidos

Capítulo 1

1 - a) $5/4$ b) 5 d) 0 e) $1/2$
f) $8/9$ g) 0 h) $12/5$ j) 9

3 - $y' = 2x + 3$ $y' = 0$ em $x = -3/2$ (mínimo)

4 - $y' = -6x + 5$ $y' = 0$ em $x = 5/6$ (máximo)

6 - a) $y' = 2(x + 3)$ $y' = 0$ em $x = -3$ (mínimo)
b) $y' = 2x - 1$ $y' = 0$ em $x = 1/2$ (mínimo)

10 - a) $\dfrac{dy}{dx} = \dfrac{8x^3 - 24x^2 - 1}{(1 + 4x^3)^2}$ b) $\dfrac{dr}{d\theta} = -\dfrac{2(3 + \theta)}{3\theta^2 \sqrt[3]{(2 + \theta)^2}}$

c) $\dfrac{dy}{dx} = \dfrac{x^2(15 - 14x)}{\sqrt{5 - 4x}}$ d) $\dfrac{ds}{dt} = \dfrac{t^3 + 6}{2t^2 \sqrt{t^3 - 3}}$

11 - a) $-\dfrac{x}{y}$ b) $-\dfrac{x(1 - y^2)}{y(1 - x^2)}$ c) $\dfrac{1 - 2y}{2x + 2y - 1}$

d) $\dfrac{3x^2 - y}{x - 3y^2}$ e) $-\left(\dfrac{y}{x}\right)^{1/3}$ f) $\dfrac{2x^3 - 3(x^2 + y^2)}{6xy - 2y^3}$

13 - a) $x = -1$ máximo b) $x = 1$ mínimo
c) $x = 0$ máximo e $x = 2$ mínimo
d) $x = -4$ máximo, $x = 4$ mínimo e $x = 0$ inflexão
e) $x = 2$ mínimo e $x = 0$ inflexão
f) $x = -1$ máximo, $x = 2$ mínimo e $x = 0,5$ inflexão
g) $x = a$ mínimo e $x = 0$ e $x = -a/\sqrt[3]{2}$ inflexão

216 *APÊNDICE D. RESPOSTAS DOS EXERCÍCIOS NÃO RESOLVIDOS*

14 - a) $x = -1$ máximo   b) $x = \dfrac{2\,ab}{a+b}$ máximo

16 - $h = R$ (sem tampa) e $h = 2R$ (com tampa)

19 - Triângulo equilátero de lado $2\sqrt{3}\,R$

20 - $\dfrac{4}{3}\,R$ (altura) e $\dfrac{2\sqrt{2}}{3}\,R$ (raio da base)

$4\,R$ (altura) e $\sqrt{2}\,R$ (raio da base)

21 - Sem tampa: $6\,cm$ (lado da base) e $3\,cm$ (altura)

Com tampa: $3\sqrt[3]{4}\,cm = 4,76\,cm$ (cubo)

23 - $a = 200\,m$ e $b = 400/\pi \simeq 127\,m$

26 - $y = 2x - a$ em $(a\,,a)$ e $y = -2x + a$ em $(a\,,-a)$

27 - a) $y = 9x - 16$ b) $y = 7x - 9$

c) $y = 11x - 32$ em $(3\,,1)$ e $y = -10x + 32$ em $(3\,,2)$

d) $y = 2x - 2$ em $(1\,,0)$ e $y = -2x$ em $(1\,,-2)$

e) $a\sqrt{a^2 - 1}\,y = -b\,x + a^2\,b$ em $\left(1\,,\dfrac{b}{a}\,\sqrt{a^2 - 1}\right)$ e

$a\sqrt{a^2 - 1}\,y = b\,x - a^2\,b$ em $\left(1\,,-\dfrac{b}{a}\,\sqrt{a^2 - 1}\right)$

28 - $y = \dfrac{1}{2}\,\sqrt{3 + \sqrt{10}}\,(x + 1) \simeq 1,24\,(x + 1)$

30 - Ponto $(2,0)$ $y = \dfrac{\sqrt{3}}{3}\,x - \dfrac{2\sqrt{3}}{3}$ tangente em $\left(1/3\,,-\sqrt{3}/2\right)$

$y = -\dfrac{\sqrt{3}}{3}\,x + \dfrac{2\sqrt{3}}{3}$ tangente em $\left(1/3\,,\sqrt{3}/2\right)$

Ponto $(2,2)$ $y = \dfrac{1}{3}\left(4 + \sqrt{7}\right)x - \dfrac{2}{3}\left(1 + \sqrt{7}\right)$

tangente em $\left(\dfrac{1 + \sqrt{7}}{4}\,,\dfrac{1 - \sqrt{7}}{4}\right)$

$y = \dfrac{1}{3}\left(4 - \sqrt{7}\right)x - \dfrac{2}{3}\left(1 - \sqrt{7}\right)$

tangente em $\left(\dfrac{1 - \sqrt{7}}{4}\,,\dfrac{1 + \sqrt{7}}{4}\right)$

31 - b) São quatro pontos, $(-2\,,-2)$, $(-2\,,2)$, $(2\,,-2)$ e $(2\,,2)$, com o mesmo ângulo de interseção, $37°$.

33 - $D_{\text{mín}} = 3,39$ e $D_{\text{máx}} = 7,39$

35 - $v(t) = 4\,t^3 - 12\,t^2 + 8\,t$ e $a(t) = 12\,t^2 - 24\,t + 8$

$t = 0$, $t = 1\,s$ e $t = 2\,s$. A descrição do movimento é semelhante ao do quarto exemplo da Subseção 1.3.2.

37 - a) $\vec{r}_A(t) = (2t - 3)\,\hat{\imath}$ e $\vec{r}_B(t) = 3\,(t - 1)\,\hat{\jmath}$

b) $t = 15/13 \simeq 1,15\,s$ e $D_{\text{mín}} = \sqrt{117}/13 \simeq 83,2\,cm$

38 - $t = 23/30 \simeq 0,77\,s$ e $D_{\text{mín}} = 6,67\,m$

Capítulo 2

3 - $v(t) = 3t^2 - 15t + 18$ e $x(t) = t^3 - \dfrac{15}{2}t^2 + 18t + 3$

A partícula para quando $t = 2$ e $t = 3$ segundos. O restante é similar ao que foi feito no terceiro exemplo da Subseção 2.1.1.

4 - $v(t) = -\dfrac{2}{(t+1)^2} + 5$ e $x(t) = \dfrac{2}{t+1} + 5t + 3$

6 - $v^2 = 4\left(\dfrac{3}{x} - 2\right)$ $v = 0$ em $x = 3/2$

A partícula vai de $x = 1$ até $x = 3/2$, onde para. Depois, volta em direção à origem (velocidade negativa).

Capítulo 3

5 - $10/3 \simeq 3,3\,m^3$

6 - Os resultados obtidos podem ser facilmente verificados através de suas derivadas. Caso haja alguma dúvida, por favor, faça a verificação.

a) $x^3 + \dfrac{5}{2}x^2 + C$

b) $\dfrac{1}{6}(2x + 3)^3 + C$

c) $\dfrac{1}{22}(2x + 3)^{11} + C$

e) $2x^2 - 6\sqrt{x} + C$

f) $-\dfrac{2}{b}\sqrt{a - by} + C$

g) $\dfrac{1}{6}(2t^2 + 3)^{3/2} + C$

h) $\dfrac{8}{3}\sqrt{x^3 + 8} + C$

i) $-2\sqrt{2 + x - x^2} + C$

j) $\dfrac{1}{2}x^2 - \dfrac{1}{x} + C$

k) $-\dfrac{1}{8}(1 + t^{4/3})^{-6} + C$

m) $-\dfrac{3}{5}(7 - 5r)^{1/3} + C$

n) $-\dfrac{1}{4}\sqrt{25 - 4y^2} + C$

o) $-\dfrac{1}{\sqrt{2t}} + C$

p) $\dfrac{1}{3}\left(x^3 - 2x^{3/2}\right) + C$

9 - a) $v(t) = 5t + 2$ e $x(t) = \dfrac{5}{2}t^2 + 2t + 1$

218   APÊNDICE D. RESPOSTAS DOS EXERCÍCIOS NÃO RESOLVIDOS

b) $v(t) = \dfrac{1}{2}\,t^2 + 2$ e $x(t) = \dfrac{1}{6}\,t^3 + 2\,t + 1$

c) $v(t) = \dfrac{1}{3}\,t^3 + 2$ e $x(t) = \dfrac{1}{12}\,t^4 + 2\,t + 1$

d) $v(t) = \dfrac{3}{8}\,(2\,t+1)^{4/3} + \dfrac{13}{8}$

   $\quad x(t) = \dfrac{9}{112}\,(2\,t+1)^{7/3} + \dfrac{13}{8}\,t + \dfrac{103}{112}$

e) $v(t) = -\dfrac{1}{4\,(2\,t+1)^2} + \dfrac{9}{4}$ e $x(t) = \dfrac{1}{8\,(2\,t+1)} + \dfrac{7}{8}$

10 - a) $v(t) = \dfrac{1}{4}\,t^2$ e $x(t) = \dfrac{1}{12}\,t^3 + 5$

b) $v(t) = \dfrac{1}{\sqrt{6\,t+1}}$ e $x(t) = \dfrac{1}{3}\left(\sqrt{6\,t+1} + 5\right)$

15 - c) $\dfrac{3}{28}\,(x+1)^{4/3}\,(4\,x-3) + C$

d) $\dfrac{1}{3}\,\sqrt{x^2+1}\,(x^2-2) + C$

e) $\dfrac{2}{3\,b^2}\,(a+b\,x)^{1/2}\,(b\,x-2\,a) + C$

f) $\dfrac{(x+b)^{a+1}}{(a+1)(a+2)}\,\big[(a+1)\,x - b\big] + C$

g) $\dfrac{(x+b)^{a+1}}{(a+1)(a+2)(a+3)}\,\big[(a+1)(a+2)\,x^2 - 2\,b\,(a+1)\,x + 2\,b^2\big] + C$

h) $\dfrac{(x^2+b)^{a+1}}{2\,(a+1)(a+2)}\,\big[(a+1)\,x^2 - b\big] + C$

17 - a) $2\,a^2 - 4$ b) 0   c) 0   d) $\dfrac{184}{105}$ e) 0   f) 1

g) $\sqrt{5}\,(\sqrt{5} - 2)$ h) 2   i) $\dfrac{16}{3}$ j) 0   k) 2

l) $2\,\sqrt{5}\,(\sqrt{5} - 1)$

18 - a) 5   b) $\dfrac{32}{3}$ c) $\dfrac{11}{24}$ d) $\dfrac{143}{30}$ e) $\dfrac{16}{3}$

f) $\dfrac{1}{3}\,(2\,\sqrt{2} - 1)$ g) $\dfrac{2}{3}$ h) $\dfrac{8}{21}$

Capítulo 4

6 - b) $\dfrac{dx}{d\theta} = \dfrac{\cos\sqrt{1+\theta}}{2\,\sqrt{1+\theta}}$ c) $\dfrac{ds}{dt} = -\dfrac{at\,\operatorname{sen}\sqrt{1+at^2}}{\sqrt{1+at^2}}$

e) $\dfrac{dy}{dx} = 2\,\cos 2x$ f) $\dfrac{du}{dv} = -\operatorname{sen} 2v$

g) $\dfrac{dx}{d\theta} = 3\tan^2\theta\sec^2\theta$

h) $\dfrac{dy}{dx} = 2\cos x\left(\cos 2x - \mathrm{sen}^2 x\right)$

i) $\dfrac{d\rho}{d\theta} = \dfrac{\theta\cos\theta - \mathrm{sen}\,\theta}{\theta^2}$

j) $\dfrac{dy}{dx} = \mathrm{sen}\dfrac{x}{2} + \dfrac{x}{2}\cos\dfrac{x}{2}$

k) $\dfrac{d\theta}{dx} = \dfrac{3}{1 + 9x^2}$

l) $\dfrac{d\theta}{dx} = 2x\left(\arctan 2x + \dfrac{x}{1 + 4x^2}\right)$

m) $\dfrac{d\theta}{dx} = \mathrm{arc\,sen}\,x + \dfrac{x}{\sqrt{1 - x^2}}$

n) $\dfrac{\sqrt{x}}{2x\,(1 + x)}$

o) $\dfrac{dy}{dx} = -\dfrac{\mathrm{sen}\,2x}{\sqrt{2 + \cos 2x}}$

p) $\dfrac{d\theta}{dx} = -\dfrac{\mathrm{sen}\,x + 2x}{\sqrt{1 - \left(\cos x - x^2\right)^2}}$

q) $\dfrac{d\theta}{dx} = \dfrac{2}{\sqrt{1 - x^2}}$

r) $\dfrac{d\theta}{dx} = \tan^4\theta$

s) $\dfrac{dy}{dx} = -\dfrac{\mathrm{sen}\,8x}{y}$

t) $\dfrac{d\theta}{dx} = \dfrac{a^2 - 2x^2 + 1}{\sqrt{a^2 - x^2}}$

7 - a) $\sec y$

b) $\dfrac{\sec y^2}{2y}$

c) $\dfrac{\sec y^2\csc^2 y^2}{6y}$

d) $\sqrt{1 - y^2}$

e) $1 + y^2$

f) $\dfrac{\mathrm{sen}\,(x - y)}{\mathrm{sen}\,(x - y) - 1}$

g) $-\dfrac{\cos x}{2y + \mathrm{sen}\,y}$

i) $\dfrac{2x^2}{\mathrm{sen}\,2y\,(\mathrm{sen}\,y - \cos y)}$

8 - a) $-k^2 y$ b) $2y\sec^2 x$ c) $-2\,\mathrm{sen}\,x - y$ d) $\dfrac{y\left(2 - x^2\right) - 2\cos x}{x^2}$

11 - a) $90°$ b) $100°$

12 - a) $x = \pi/4$ mínimo   e $x = 7\pi/4$ máximo

$x = 0$, $x = \pi$ e $x = 2\pi$ inflexão

b) $x = \pi/4$ máximo   e $x = 3\pi/4$ mínimo

$x = 0$ e $x = \pi$ inflexão

c) $x = \pi/3$ mínimo   e $x = 2\pi/3$ máximo

$x = 0$ e $x = \pi$ inflexão

d) $x = 2,5\,rad$ máximo   e $x = 5,6\,rad$ mínimo

$x = 0,93\,rad$ e $x = 4,1\,rad$ inflexão

e) $x = 0,75$ máximo   e $x = 1,75$ mínimo

$x = 0,25$ e $x = 1,25$ inflexão

15 - $C_1 = A\cos\alpha$ e $C_2 = A\,\mathrm{sen}\,\alpha$

18 - c) $-x\cos x + \mathrm{sen}\,x + C$

d) $-x^2\cos x + 2x\,\mathrm{sen}\,x + 2\cos x + C$

e) $x^2\,\mathrm{sen}\,x + 2x\cos x - 2\,\mathrm{sen}\,x + C$

220 *APÊNDICE D. RESPOSTAS DOS EXERCÍCIOS NÃO RESOLVIDOS*

f) $\dfrac{1}{2}\,x^2\,\mathrm{sen}\,x^2 + \dfrac{1}{2}\,\cos x^2 + C$

g) $\dfrac{1}{3}\,\mathrm{sen}^3\theta - \dfrac{1}{5}\,\mathrm{sen}^5\theta + C$ h) $-\dfrac{1}{2}\,\csc^2\theta + C$

i) $1/4$ j) $1/6$ k) -4π l) $0,89$

26 - $3/4$

29 - a) 50π b) $3\pi/2$ c) π d) $9\pi/2$ e) $3\pi/2$

31 - b) $\dfrac{a^2}{2}\left(\mathrm{arc\,sen}\,\dfrac{x}{a} - \dfrac{x}{a^2}\,\sqrt{a^2 - x^2}\,\right) + C$

c) $-\sqrt{a^2 - x^2} + C$ d) $\mathrm{arc\,sen}\,\dfrac{x}{a} + C$

e) $\dfrac{a^2}{2}\left(\mathrm{arc\,sen}\,\dfrac{x}{a} + \dfrac{x^2}{a^2}\,\sqrt{a^2 - x^2}\,\right) + C$

f) $-\dfrac{1}{3}\left(a^2 - x^2\right)^{3/2} + C$ [também pelo uso direto de (3.9)]

g) $\dfrac{a^4}{8}\left[\mathrm{arc\,sen}\,\dfrac{x}{a} - \dfrac{x}{a^4}\,\sqrt{a^2 - x^2}\,\left(a^2 - 2x^2\right)\right] + C$

h) $\dfrac{1}{5}\,\sqrt{a^2 - x^2}\,\left(x^4 - 2a^2x^2 - 4a^4\right) + C$

34 - a) $-\dfrac{3x^2 + 2}{3\left(1 + x^2\right)^{3/2}} + C$ b) $\dfrac{1}{128}\left(\mathrm{arc\,tan}\,\dfrac{x}{4} + \dfrac{4x}{16 + x^2}\right) + C$

c) $\dfrac{1}{2}\,\mathrm{arc\,tan}\,\dfrac{x}{2} + C$ d) $\dfrac{1}{15}\left(x^2 + 4\right)^{3/2}\left(3x^2 - 8\right) + C$

e) $\dfrac{\sqrt{x^2 - 1}}{x} + C$ f) $\mathrm{arc\,sec}\,x + C$

35 - b) $\dfrac{1}{2}\left(\mathrm{arc\,sen}\,x\right)^2 + C$ c) $\dfrac{1}{2}\left(\mathrm{arc\,tan}\,x\right)^2 + C$

e) $\dfrac{1}{4}\left(2x^2 - 1\right)\mathrm{arc\,cos}\,x - \dfrac{1}{4}\,x\,\sqrt{1 - x^2} + C$

Capítulo 5

4 - b) $x = \ln 5 = 1,61$ c) $x = 0,35$

5 - a) $\dfrac{2xy}{\log_a e}$ b) $\dfrac{y}{2\,\sqrt{x}\,\log_a e}$ c) $\dfrac{y}{2\,\sqrt{x}\,\log_x e}$

d) $3y\cos 3x$ e) $2x\,e^{x^2}\cos\left(e^{x^2}\right)$ g) $-\tan x$

i) $y\,e^x$ j) $(1 - x)\,e^{-x}$ k) $2\csc 2x$ l) $-\ln\left(\cos x\right)$

7 - a) $y = e^3\left(3x - 2\right)$ b) $y = e^2\left(3x - 4\right)$ c) $y = \dfrac{1}{e}\,x$

13 - $\mathrm{sech}\,x\,\dfrac{1 - \mathrm{senh}\,x}{1 + \mathrm{senh}\,x}$ e $-\mathrm{csch}\,x$

15 - a) $x e^x - e^x + C$ c) $\ln\left(e^x + e^{-x}\right) + C$

d) $-\cos e^x + C$ e) $\ln\left(1 + e^x\right) + C$

f) $\dfrac{2}{3}\left(1 + e^x\right)^{3/2} + C$ g) $e^x - e^{-x} + C$

h) $-2\left(x\sqrt{x} + 3x + 6\sqrt{x} + 6\right)e^{-\sqrt{x}} + C$

j) $\dfrac{2}{3}x^{3/2}\log\dfrac{x}{e^{2/3}} + C$ k) $\dfrac{1}{2}e^x\left(\operatorname{sen} x - \cos x\right) + C$

l) $x\left(\ln^2 x - 2\ln x + 2\right) + C$

m) $x\left(\ln^3 x - 3\ln^2 x + 6\ln x - 6\right) + C$

17 - $v(t) = V e^{-bt/m}$, $x(t) = \dfrac{mV}{b}\left(1 - e^{-bt/m}\right)$ e $D = \dfrac{mV}{b}$

18 - $v(x) = V - \dfrac{bx}{m}$

21 - $v + \dfrac{mg}{b}\ln\left(1 - \dfrac{bv}{mg}\right) = -\dfrac{by}{m}$

22 - a) $\dfrac{1}{2}x\sqrt{x^2 - 1} - \dfrac{1}{2}\ln\left(x + \sqrt{x^2 - 1}\right) + C$

b) $\dfrac{1}{3}\left(x^2 + 1\right)^{3/2} + C$ c) $\dfrac{1}{5}\left(x^2 + 1\right)^{5/2} - \dfrac{1}{3}\left(x^2 + 1\right)^{3/2} + C$

d) $\sqrt{x^2 + 1} + C$ f) $\dfrac{1}{3}\left(x^2 + 1\right)^{3/2} - \sqrt{x^2 + 1} + C$

g) $\dfrac{1}{2}x\sqrt{x^2 - 1} + \dfrac{1}{2}\ln\left(x + \sqrt{x^2 - 1}\right) + C$

h) $\dfrac{1}{8}x\left(2x^2 + 1\right)\sqrt{x^2 + 1} - \dfrac{1}{8}\ln\left(x + \sqrt{x^2 + 1}\right) + C$

Apêndice A

3 - Sim

4 - a) $8\hat{\imath} - 11\hat{k}$ b) $2\hat{\imath} + 4\hat{\jmath} - 5\hat{k}$ c) $\sqrt{42}$ d) $\sqrt{22}$ e) $2\sqrt{21}$

f) $\arccos\dfrac{1}{\sqrt{42}} \simeq 81°$, $\arccos\dfrac{4}{\sqrt{42}} \simeq 52°$ e $\arccos\dfrac{-5}{\sqrt{42}} \simeq 140°$

g) $\dfrac{1}{\sqrt{21}}\left(2\hat{\imath} + \hat{\jmath} - 4\hat{k}\right)$

6 - $\left(50 + 15\sqrt{2}\right)\hat{\imath} + 15\sqrt{2}\,\hat{\jmath}$

7 - $\overrightarrow{OA} = \hat{\imath}$, $\overrightarrow{OB} = \hat{\imath} + 2\hat{\jmath}$, $\overrightarrow{OC} = 2\hat{\imath} + 3\hat{\jmath}$ e $\overrightarrow{OD} = 5\hat{\imath} + 3\hat{\jmath}$

$\overrightarrow{DC} = -3\hat{\imath}$, $\overrightarrow{CB} = -\hat{\imath} - \hat{\jmath}$, $\overrightarrow{BA} = -2\hat{\jmath}$ e $\overrightarrow{DA} = -4\hat{\imath} - 3\hat{\jmath}$

9 - a) $\vec{A}\cdot\vec{B} = 10$, $\vec{A}\cdot\vec{C} = 11$ e $\vec{A}\cdot\left(\vec{B} + \vec{C}\right) = \vec{A}\cdot\vec{B} + \vec{A}\cdot\vec{B} = 21$

b) $\vec{A}\times\vec{B} = -22\hat{\imath} - 12\hat{\jmath} - 14\hat{k}$, $\vec{A}\times\vec{C} = -22\hat{\imath} - 17\hat{\jmath} - 18\hat{k}$

$$\vec{A} \times (\vec{B} + \vec{C}) = \vec{A} \times \vec{B} + \vec{A} \times \vec{B} = -44\,\hat{\imath} - 29\,\hat{\jmath} - 32\,\hat{k}$$

c) $\dfrac{18}{\sqrt{21}}$ 	 d) $-\dfrac{22}{\sqrt{29}}$ 	 e) $98,18°$

10 - $m = 3$

13 - $\sqrt{\dfrac{5}{7}}\left(\hat{\imath} + 3\,\hat{\jmath} + 5\,\hat{k}\right)$

14 - $55°$

18 - $\dfrac{1}{\sqrt{6}}\left(\hat{\imath} - \hat{\jmath} - 2\,\hat{k}\right)$

20 - $x + 2\,y - z = -3$

21 - $5\,x + 2\,z = 3$

Índice

Aceleração
    definição, 35
Aproximação binomial, 39

Buffon
    agulha de, 117

Constante gravitacional, 50
Coordenadas polares, 97

Derivada
    conceito de, 19
    definição, 19
    função de função, 24
    propriedades da, 23
    regra da cadeia, 24
    significado geométrico, 19

Euler
    fórmula de, 126
Expansão binomial, 37, 38

Fermat
    último teorema de, 33
    princípio de, 99
Função antissimétrica, 76
Função fatorial, 137
Função gama, 137
Função simétrica, 76
Funções hiperbólicas, 127

Indeterminação
    símbolos de, 17, 18
Integral
    conceito, 59
    dupla, 61, 77
    operador linear, 61

    por partes, 75
    tripla, 61, 77

Lei dos cossenos, 90, 152
Lei dos senos, 90, 153
Lua
    massa da, 54
    raio da, 54

Maclaurin
    série de, 38

Newton
    binômio de, 37, 39
    lei da gravitação de, 50
    segunda lei de, 45, 50
    terceira lei de, 50

Oscilador harmônico, 50, 55, 101
Oscilador harmônico quântico, 55

Pitágoras
    teorema de, 33, 157

Série
    convergência, 138, 141
    critério de D'Alambert, 142
Série geométrica, 140
Série harmônica, 140
Série p, 141
Sol
    massa do, 57
    raio do, 57
    velocidade de escape, 57

Taylor
    série de, 38
Terra
    campo gravitacional da, 51
    massa da, 57
    raio da, 57
    velocidade de escape, 54

Velocidade
    definição, 35